食品生物工艺专业改革创新教材系列

审定委员会

主　任　余世明

委　员　（以姓氏笔画为序）

王　刚　刘伟玲　刘海丹　许映花　许耀荣

余世明　陈明瞭　罗克宁　周发茂　胡宏佳

黄清文　潘　婷　戴杰卿

食品生物工艺专业改革创新教材系列　　总主编 余世明

烹饪
原料与基础

PENGREN YUANLIAO
YU JICHU

主编 ◎ 邓宇兵

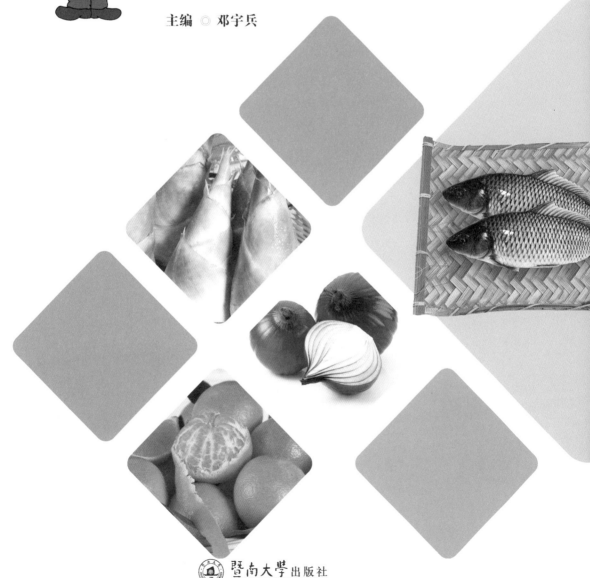

暨南大学出版社
JINAN UNIVERSITY PRESS

中国·广州

食品生物工艺专业改革创新教材系列

编写委员会

总 主 编　余世明

秘 书 长　陈明瞭

委　　员　(以姓氏笔画为序)

王　刚　　王建金　　区敏红　　邓宇兵　　龙小清

龙伟彦　　冯钊麟　　刘　洋　　刘海丹　　江永丰

许映花　　麦明隆　　杨月通　　利志刚　　何广洪

何玉珍　　何志伟　　何婉宜　　余世明　　陈明瞭

陈柔豪　　欧玉蓉　　周发茂　　周璐艳　　郑慧敏

胡兆波　　胡源媛　　钟细娥　　凌红妹　　黄永达

章佳妮　　曾丽芬　　蔡　阳

编写说明

　　本书是食品生物工艺专业（中餐烹饪方向）学生"烹饪原料基础"课程用书，是职业教育改革创新教材系列之一。

　　本教材内容共分为十大模块，分别是概述、蔬果类原料知识、禽蛋类原料知识、家兽畜类原料知识、水产类原料知识、干货类原料知识、常用药材香料知识、常用调味料知识、料头知识、半成品的配制。在每个模块中，根据不同的知识点又分若干项目，每个项目通过学习目标和知识要点来学习相关知识。

　　学生通过学习本课程，能够熟练掌握烹饪原料知识和原料加工的各项技能，并加深对烹饪原料基础知识的理解，辅助学生对主干课程"烹调技术"的基础积累和技能提升，从而培养学生的综合职业能力，以满足其职业生涯发展的需要。

　　本书由邓宇兵（广东省贸易职业技术学校中餐专业带头人）主编，利志刚、陈柔豪、麦明隆、杨月通（均为广东省贸易职业技术学校中餐专业骨干教师）参编。全书由邓宇兵统稿。

　　全书的卡通形象由广东省贸易职业技术学校动漫教研组吕建雄老师、吴颖敏老师绘制，在此一并致谢！

　　此外，文中部分图片来源于网络，烦请相关作者看到图片后与我们联系，我们将会按照相关法律法规支付一定的报酬。

　　由于编者水平有限，加之时间仓促，本书在编写过程中难免存在疏漏之处，敬请广大读者、行家批评指正，不胜感激。

编　者

2016 年 11 月

本书编者照片

邓宇兵（本书主编）

利志刚（本书参编）

陈柔豪（本书参编）

麦明隆（本书参编）

杨月通（本书参编）

CONTENTS

目 录

编写说明 ·· 1

模块一 概 述

项目一 烹饪原料基础知识 ······························· 2

项目二 烹饪原料的鉴定方法 ··························· 5

项目三 烹饪原料的贮存方法 ··························· 7

练习题 ··· 9

模块二 蔬果类原料知识

项目一 蔬菜类原料知识 ······························· 12

项目二 蔬菜类原料的加工方法 ······················· 20

项目三 常用果实类原料知识 ··························· 27

练习题 ··· 32

模块三 禽蛋类原料知识

项目一 家禽类原料知识 ······························· 34

项目二 家禽类原料的加工方法 ······················· 37

项目三 蛋类原料知识 ································· 40

练习题 ··· 41

模块四 家畜类原料知识

项目一 家畜类原料知识 ·· 44

项目二 家畜类原料的加工方法 ·· 48

练习题 ·· 50

模块五 水产类原料知识

项目一 水产类原料知识 ·· 52

项目二 水产类原料的加工方法 ·· 63

练习题 ·· 67

模块六 干货类原料知识

项目一 干货类原料知识 ·· 70

项目二 干货类原料的加工方法 ·· 78

练习题 ·· 83

模块七 常用药材香料知识

项目一 常用药材香料介绍 ·· 86

练习题 ·· 96

模块八 常用调味料知识

项目一 调味概述 ·· 98

项目二 常用调味料介绍 ·· 101

项目三 复合调味料的制作 ·· 111

练习题 ·· 118

模块九 料头知识

项目一 料头的种类和使用 ………………………………………… 120

练习题 …………………………………………………………………… 127

模块十 半成品的配制

项目一 肉料的腌制 …………………………………………………… 130

项目二 馅料的制作 …………………………………………………… 137

练习题 …………………………………………………………………… 141

参考文献 ………………………………………………………………… 142

模块一

概述

烹饪原料基础知识

学习目标：

通过本项目内容的学习，你能够了解烹饪原料的形成过程与特点，掌握是哪些因素促使食用烹饪原料形成自己的特色。

知识要点：

1. 烹饪原料的构成与属性。
2. 烹饪原料营养与安全。

学习内容：

一、烹饪原料的基本属性

（一）烹饪原料的定义

烹饪原料是指能够给人提供营养、维持人体生理机能、可通过一系列烹饪工艺加工活动制成食品的原材料。

（二）烹饪原料的基本属性

1. 安全性

这是食品原料最基本的属性，即食品原料首先必须是对人体无害的，不会危及人体健康的。有些原料外表漂亮，或口味良好，却潜伏着巨大的危害性，如原料自身具有的毒素、传染性病毒、寄生虫、致病菌，或者原料上有药物残留，受到工业污染等。近年来，在市场经济利益的刺激下，部分唯利是图的食品经销商，将劣质、变质、明知食用后会给人体带来严重后果的食品出售给消费者，如有毒大米、有毒猪肉、有毒蔬菜等。在市场监控机制仍未健全、恶性竞争还存在的情况下，这种事情还不会绝迹，因此从业人员在使用食品原料时应提高警惕。

2. 营养性

人们饮食活动的目的是获取供给人体正常代谢足够数量和品种的营养物质，维持人体代谢能量代谢物质的转换。因此提供给人食用的原料应含有足够的营养素，包括碳水化合物、蛋白质、脂肪、矿物质、维生素、水等，以满足人体的需求。

3. 经济性

作为烹饪原料，只有能够持续开发利用的代谢物资源才是具有经济价值的食物原材料。

4. 审美性

随着人们生活水平的提高，现代人对饮食提出了更高的要求，不但要吃得饱，还要吃得好，要求食品除了带给人味觉享受外，还要带给人视觉享受，即通常我们说的"要有卖相"，因此我们在选择食品原料时，除了注重卫生与营养外，对原料的形态与色泽也应有一定的要求。

5. 文化性

不同国家、不同民族、不同宗教信仰和不同地域的人们，有着不同的风土人情和饮食习惯，在历史的长河中形成了绚丽多彩的饮食文化。饮食活动和方式充分展现其民族、国家的文化渊源。因此不同地方的菜式都有富有其地方特色的原料。粤菜烹调中，我们就常用一些富有广东特色的原料，如广州的泮塘五秀（即莲藕、马蹄、菱角、茭笋、慈姑）等。

6. 应用性

随着现代社会生活节奏的不断加快，以及现代技术在食物原料方面的广泛应用，许多方便的原料使烹调师从烦琐的手工操作中解放出来，越来越多的半成品原料或成品被应用到烹饪活动之中。随着食品加工业的专业化、社会化逐渐成熟，许多原料在进入厨房时已经过一定的加工，简化了厨房的工作程序，节省了人力。

二、烹饪原料的分类

对原料进行品种分类是为了准确、系统、规范地了解原料知识，从而做到合情合理地使用原料。根据分类指标的不同，原料品种的分类形式有以下几种：

1. 按原料的自然属性分类

可分为植物性原料、动物性原料、矿物性原料、人工合成原料。

2. 按原料的加工状况分类

可分为鲜活原料、冷冻原料、冷藏原料、脱水原料、腌制原料。

3. 按原料在菜肴中的用途分类

可分为主料、配料、调料、装饰料。

4. 按原料商品学分类

可分为粮食类、蔬菜类、水产品类、畜肉类、禽肉类、乳品类、蛋品类、调料类。

5. 按原料资源的不同分类

可分为农产品、畜产品、水产品、林产品。

6. 按原料营养素构成的不同分类

可分为热量食品原料（碳水化合物和脂肪——黄色食品）、构成食品原料（蛋白质——红色食品）、促使食品原料（维生素、矿物质——绿色食品）。

7. 其他分类

随着科学技术在食品生产加工方面的应用，出现了许多崭新的食品种类，比如转基因

食品、绿色食品、有机天然食品等。

谈一谈：

你对食用烹饪原料知多少？

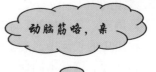
动脑筋啦，亲

想一想：

1. 烹饪原料的分类特点是什么？
2. 烹饪原料变质主要由哪些原因造成？

烹饪原料的鉴定方法

学习目标：

通过本项目内容的学习，你能够了解烹饪原料各种品质鉴定的方法和影响其品质的基本因素。

知识要点：

1. 分辨各种原料的性质与来源。
2. 常用的原料品质鉴定方法。

学习内容：

原料的品质从根本上决定着菜品的质量，因此科学合理地把握原料的性质性能，正确判断原料品质的优劣，是选择原料的关键。

一、影响原料品质的基本因素

直接影响原料品质的环节主要有生长过程、加工过程、包装过程、运输过程、贮存过程等。影响原料品质的基本因素主要有外部因素和内部因素。

1. 外部因素

外部因素主要有物理因素、化学因素和生物因素。物理因素主要有温度、湿度、光照、空气等。化学因素主要有工业"三废"的污染，农药、化肥、洗涤剂中的残留物，铅、铜、锌等有毒重金属物质和其他化学性放射性有害物质等。生物因素主要有昆虫的侵蚀蛀咬，微生物主要有霉菌、细菌、酵母菌、乳酸菌、葡萄球杆菌、芽孢杆菌、变形杆菌等。这些物理、化学、生物因素对烹饪原料的侵袭会造成烹饪原料的变质。

2. 内部因素

内部因素主要有动物组织中所含的多种组织性分解酶的作用，以及植物组织自身的呼吸作用。这些因素也会导致烹饪原料的变质。

二、原料品质的鉴定指标

烹饪原料的品质是由烹饪原料固有的纯度、新鲜度、成熟度决定的。

（1）感官指标：主要包括原料品种的颜色、气味、形态、质地、重量、黏度、弹性等。

（2）理化指标：主要包括原料品种的营养物质、化学物质、毒害物质、酸碱度、硫化氢、挥发性盐基氮、胺的含量等。

（3）微生物指标：主要是指对人体有害的微生物和细菌等。

三、原料品质的鉴定方法

1. 视觉鉴定

通过视觉对形态特征的鉴定，新鲜的鱼、虾、蟹、贝等都有完整的形态，例如新鲜的鱼类形态特征是鱼鳍、鱼鳞完整，鱼眼完整而微有塌陷，鱼肚饱满而不鼓胀，且新鲜鱼类的鱼鳞、鱼眼色泽光亮，鱼鳃鲜红。此外，新鲜的猪肉，肌肉呈淡红色；新鲜的羊肉，肌肉呈玫瑰红色；新鲜的对虾，虾皮呈青绿色，光洁明亮。

2. 嗅觉鉴定

通过嗅觉对气味特征进行鉴定。新鲜的鱼、虾、蟹、贝都有清淡的气味，新鲜的猪肉有清淡的血腥气味，新鲜的蔬菜、果品有着自身固有的芳香气味。

3. 味觉鉴定

通过味觉对口味进行鉴定，尤其是调味品，只有通过品尝才能判定其品质的优劣。

4. 触觉鉴定

通过触觉可以对原料的质地、硬度、弹性、重量进行鉴定，新鲜的猪肉、羊肉、牛肉、鱼肉、鸡肉等，当用手指触摸时，能感到明显的弹性，没有凹陷。新鲜的蔬菜质地饱满，有着明显的硬脆韧性，分量较重。

5. 听觉鉴定

通过听觉可以对原料的某种声音特征进行鉴定，一部分烹饪原料在敲击或摇晃时会产生不同的回音，比如新鲜的鸡蛋在摇晃时有轻微的震动，而不新鲜的鸡蛋在摇晃时有明显的声音。

想一想：

1. 分析与实验：体验各种原料品质鉴定的方法。
2. 建立原料品质鉴定分析表。

动脑筋喽，亲

烹饪原料的贮存方法

学习目标：

通过本项目内容的学习，你能够懂得原料贮存的重要性，掌握有效的原料贮存方法。

知识要点：

1. 各种原料贮存的常用方法。
2. 针对原料的特性选择有效的贮存方法。

学习内容：

原料的贮存主要是通过有效地调节控制存放环境的温度、湿度、酸碱度，抑制原料内部的氧化分解酶，抑制原料自身的呼吸作用以及微生物的活性，从而使原料在一定时期内保持品质相对稳定。相应采取降低环境温度、高温杀菌、改变原料的酸碱度、隔绝外部因素对烹饪原料的侵蚀、改变原料中的渗透压、调节不同气体的含量等措施和手段，这些加工处理手段和技术措施也可通过使用设备、设施来实现。

一、低温保存法

低温保存法根据保存温度的不同有冷冻和冷藏两种，低温保存法是通过对保存环境温度的调节和控制，有效地抑制原料中微生物的生长繁殖、组织分解的生命活性以及自身的呼吸作用，超低温长时间的冷冻处理可以有效地杀死潜伏在肉中的寄生虫。由于烹饪原料性质不同，保存温度也有所不同。新鲜的禽畜肉、鱼肉，可以分别用冷冻或冷藏的方法进行保存。长期冷冻保存的温度要求在 $-25℃ \sim -15℃$；短期冷藏保存的温度要求在 $0℃ \sim 4℃$。而新鲜的蔬菜、果品、乳品、蛋品、熟肉制品等需要用冷藏的方法进行保存，动物性原料保存的温度要求在 $0℃ \sim 6℃$，植物性原料保存的温度要求在 $6℃ \sim 10℃$。目前市场上出售的冷冻烹饪原料或食品主要有两种冷冻方法，一是缓慢冷冻法，二是急速冷冻法。缓慢冷冻是通过湿度缓慢降低，使烹饪原料和食品降到冷冻状态。由于温度缓慢降低，烹饪原料和食品中细胞间的自由水和细胞内的结合水先后结成冰晶而体积膨胀相互挤压，使细胞膜和细胞壁的张力受压破而发生破裂，细胞持水能力下降，解冻之后烹饪原料和食品

易发生水分流失现象，伴随着少量营养成分的损失，从而影响烹饪原料的品质。急速冷冻是在较低的温度环境下，在较短时间内使烹饪原料和食品温度迅速达到 -20℃以下，迅速冻结，从而降低细胞张力受破坏的程度，保持细胞的持水能力，解冻之后不会发生水分流失的现象。冷冻烹饪原料食品的解冻方法对原料品质影响很大，解冻的方法有自然解冻（空气解冻）、水浸解冻、微波解冻，其中微波解冻能够保持细胞间的张力，降低因解冻而受到的破坏程度，减少水分的流失，解冻的最佳温度是 5℃～15℃（微生物在这个温度范围内不易繁殖），但解冻时间不宜过长。

二、高温处理方法

高温处理方法就是通常所谓的巴氏消毒法（亦称灭菌法、杀菌法），通过高温处理后在常温下保存的方法较为常见。在 3℃～60℃微生物的活性较强，尤其是 30℃～40℃活性最强，在 65℃～120℃活性得到抑制。巴氏消毒法可以分为保温法、高温法和超高温法。保温法要求在 60℃～65℃保温加热 30 分钟；高温法要求在 70℃～75℃保温加热 5 分钟，或 80℃～85℃加热 15 秒；超高温法又叫瞬间消毒法，要求在 100℃～120℃保温加热 10 秒，罐头食品、奶制品等大都利用此方法。用保温法消毒的牛奶能够大大降低致病细菌的含量，同时保持鲜奶中的营养物质，但常温条件下不宜保存；超高温法能够完全杀灭致病细菌，但是容易破坏鲜奶中的营养物质，尤其是牛奶中的维生素、免疫蛋白等。

三、封闭保存法

封闭保存法又称密封保存法，是借助于特殊的符合食品卫生标准的材料、机械或器皿，将烹饪原料或食品封闭起来，隔绝外部的空气、日光、微生物、细菌等对烹饪原料和食品的侵蚀、腐化。封闭保存，可以采用真空包装，常见的有泥封、金属罐封、玻璃瓶封、锡纸封、纸封、塑料薄膜封、石蜡封、肠衣封、聚酯封、油脂封等方法。

四、脱水保存法

脱水保存法是采用晒干、晾干、烘干、冷风干燥、高温喷雾干燥、高温加热、结晶等方法脱去烹调原料中的全部或部分水分，从而破坏微生物和细菌的生存环境，抑制氧化分解酶的活性及呼吸作用。烹饪原料中的干货制品，大多采用晒干、晾干、烘干等简易有效的方法，以便于储存和运输；奶粉和栗子粉等多采用高温喷雾干燥方法；蔬菜中的苔菜，调料中的香叶、香草、香葱等多采用冷风干燥法；食用蔗糖、谷氨酸钠（味精）等多采用结晶法除去绝大部分水分；浓缩果汁、炼乳等只是脱去部分水分。

五、腌渍保存法

腌渍保存法是通过对不同品种的烹饪原料，使用不同的调味料或添加剂等，改变烹饪原料内部的渗透压，减少水分，以破坏微生物和细菌的生存环境，达到消灭微生物和细菌以及抑制酶的活性的目的，或者通过改变原料的酸碱度来改变微生物和细菌的生存环境。在腌制过程中还能改变烹饪原料的口味和色泽特征，腌渍保存法有盐渍保存法、糖渍保存法、酸渍保存法、酒渍保存法等。盐渍保存法就是利用食盐来调节烹饪原料的渗透压，使烹饪原料的部分水分析出，从而破坏微生物生存繁殖的环境，使由蛋白质成分构成的微生物和酶发生蛋白质变性而推动活性。盐渍的食盐一般用量应控制在 5% ~10%。适当降低存放环境的温度，效果则更好，盐渍保存的原料和食品有咸肉、咸鱼、咸菜等。糖渍保存法就是利用糖调节原料的渗透压，控制微生物、细菌和酶的活性。糖的比例一般控制在20% ~60%，糖渍的原料和食品有果脯、果酱、甜奶、蜜饯、罐装制品等。酒渍保存法是利用酒中的乙醇成分进行杀菌和抑制酶的活性，酒渍的原料和食品有醉虾、醉蟹等。

六、活养保存法

活养保存法就是利用动物性原料的自然生活特性，在特定的环境中和有限的时间内进行养育保存，确保动物烹饪原料的最佳使用价值，最大限度地发挥出烹饪原料的品质特征。水产品养殖对水质有着特殊的要求，不同的海、河鲜品种有不同的要求，如水的澄清程度、氧气含量、温度、盐度等。活养的代表品种主要有海、河鲜品种及家禽、家畜等，如基围虾、石斑鱼、苏眉、深海龙虾等。

想一想：

1. 如何正确选择符合原料属性的贮存方式？
2. 试说明各种贮存方式的限定范围和有效值。

动脑筋咯，亲

做一做：

我们来做一做下面的练习。

练 习 题

1. 烹饪原料有哪些基本属性？
2. 烹饪原料有哪些分类？
3. 影响原料品质的基本因素有哪些？
4. 原料品质鉴定方法有哪些？
5. 各种原料贮存的常用方法有哪些？
6. 腌渍保存法有哪几种分类？

模块三

蔬果类原料知识

蔬菜类原料知识

学习目标：

　　通过本项目内容的学习，你能够了解常用蔬菜的用途、品种、性质、加工方法，了解常见蔬菜的品种及特征。

知识要点：

　　1. 各种不同蔬菜的性质与用途。
　　2. 蔬菜的品质鉴别。

学习内容：

　　蔬菜在烹饪原料中占有重要的地位，而且也是人体最重要的维生素来源。我国幅员辽阔，气候和地理位置不同，栽培的品种也略有差别，蔬菜一般分为叶菜类、茎菜类、根菜类、果菜类、花菜类和食用菌类六类，人们通常食用的有八十多种。

一、叶菜类

　　叶菜类是指以肥嫩菜叶、叶柄及叶球为主要食用部位的蔬菜。这类蔬菜生长迅速，适应性强。大部分体小叶薄，柔嫩多汁，一年四季都有供应。常见的叶菜类有大白菜、甘蓝、菜心、菠菜、芹菜、韭菜、生菜、大头菜、苋菜、芫菜、大葱、蒲菜、青蒜、茴香菜和豆苗等。

　　1. 大白菜

　　大白菜俗称白菜、黄芽菜、卷心白菜，古称菘菜。十字花科。原产于我国，山东和河北所产者形质兼美，最负盛名。

　　大白菜营养丰富，含维生素较全较多，通利肠胃，除胸烦，解酒毒。在烹调中既可炒、拌、扒、烧、熘、涮等，又可制泡菜、馅心和干菜。

　　2. 甘蓝

　　甘蓝俗称大头菜、包心菜、卷心菜、莲花白和洋白菜。十字花科。原产于欧洲。形态上有普通甘蓝、皱叶甘蓝、赤叶甘蓝之分，叶质柔软，甘甜爽口。

甘蓝营养丰富，维生素 C 的含量是苹果、梨和香蕉的 10～30 倍。烹调中熘、炒、炝、拌及制汤均宜。

3.　菜心

菜心，十字花科。原产于我国，为大众化蔬菜。叶片肥厚，生长期短，适应性强。不畏霜雪（一般霜打后的菜心质地柔软，味道更佳）。

菜心营养丰富，维生素 C 的含量在蔬菜中名列前茅，还含有叶绿素，具有"素烹不淡薄，荤炒不能腻"的特点，烩、炒、扒、烧均宜。

4.　菠菜

菠菜俗称菠薐、波斯菜、赤根菜和鹦鹉菜。藜科。原产于西亚，现全国各地普遍栽种。其耐寒性颇强，一年四季均可上市供应。此外，菠菜营养全面，胡萝卜素含量较高，但含酸也较高，故略带涩味，而草酸易与钙、镁等离子结合成草酸钙、草酸镁等，不易被人体消化吸收。

5.　芹菜

芹菜为伞形科。原产于地中海沿岸，在我国栽培较广。芹菜有水芹菜和旱芹菜（又称药芹）。芹菜习惯上以食用绿色叶柄为主，一年四季均可上市供应，而且耐贮存。

芹菜营养丰富，含铁量极高，可用于消热止咳、健胃、利尿、醒神健脑。在烹调中主要用于炒、炝或做荤菜配料，也做馅心料，还可做雕刻的原料。

6.　韭菜

韭菜俗称生长韭、草钟乳、壮阳草、木本。百合科。原产于我国，全国各地均产。韭菜为宿根性草本绿叶基生，强健、耐寒。叶柔、软、嫩而盛香气，故有"韭菜两头鲜"之说。

韭菜营养丰富，胡萝卜素含量较多，具有药用作用，被《本草纲目》誉为"药中最有益者"，根、叶、籽均可治病。烹调中既可调味，又可炒、调羹做汤，尤其是做馅心料，北方的三鲜水饺馅"唯鲜韭菜不可缺"。

二、茎菜类

茎菜类是指以地上茎和地下变态茎为食用对象的所有蔬菜。地下变态茎按植物学特性分块茎、球茎、鳞茎和根茎等。这类蔬菜富含糖类、蛋白质和挥发性芳香油。含水量较少，易贮藏。常见的茎菜类有马铃薯、圆葱、笋、莴苣、芋、姜、藕、大蒜、百合、茭白等。

1. 马铃薯

马铃薯俗称土豆、山药蛋、洋芋。茄科。原产于南美秘鲁、智利等冷凉高山区。现我国各地均产，以东北地区、内蒙古为主要产地。有球形、椭圆形、扁平形、细长形，表皮有黄、白、红等色，肉质有白、黄二色。

马铃薯营养丰富，含有大量淀粉。如马铃薯在贮存中发芽，芽眼附近形成龙葵素等毒素，食用后易引起腹胀、头痛、恶心，严重时也会引起抽搐等症。烹调中适合炒、烧、炖、炸、焖、蒸、煮等多种方法，既可做主料，又可做配料，还可做雕刻的原料。

2. 圆葱

圆葱俗称洋葱、葱头和洋葱头。百合科。原产于西亚，现我国各地均产。食用部位为鳞茎，皮色有红、黄、白三种。其中红皮的产量较高，质地脆嫩，有香辣甘甜味。

圆葱营养全面，所含硫化物与肉、鱼中的氨发生反应能解腥味。它还是野外工作人员的理想保健蔬菜。烹调中可与肉、鱼配合，还可腌渍，也可用于食品雕刻等。名菜有"圆葱鲤鱼"等。

3. 笋

笋俗称笋芽。禾本科。原产于我国、印度和日本。我国江南一带均产。笋的地下根茎称竹鞭和鞭笋，露出地面的部分为笋。根据季节分为春笋、夏笋和冬笋三类，春笋、冬笋为茅竹，夏笋为斑竹。其中冬笋为上品，春笋次之，夏笋为末，是江南人民喜爱的食用原料。

笋营养较丰富，口感鲜嫩清爽，既可单一成菜，也可做荤素原料的辅料。消渴利尿，清肺化痰。适于烧、炒、拌等烹调法，制汤也可。

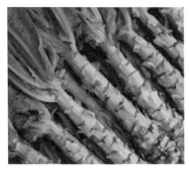

4. 莴苣

莴苣俗称莴笋、莴苣笋、香乌笋。菊科。原产于地中海沿岸，现我国各地均产。莴苣营养丰富，有特殊清香与甘味，生食甚佳，富含铁和各种维生素，具有保健功效。烹调中炒、烧、炝、拌均可，亦可用于雕刻。

5. 芋

芋俗称芋头、毛芋，古称蹲鸱。天南星科。原产于印度、马来半岛，我国南方栽培较多。食用部位是球茎，含淀粉高，容易糊化，易被人体消化吸收。芋头含有微量的尿墨酸，产生一定涩味，食用时一定要先去毛状皮。易使人手痒，这是由于草酸钙的结晶物刺激皮肤引起的，只要用火烤，手中草酸钙的结晶物遇热分解，即可解除。

芋营养丰富，而且易消化，适合胃肠病、肠道病、结核病患者及老人、幼儿食用。烹调中可煮、烧、蒸等。

三、根菜类

根菜类是指以变态的肥大根部为食用部位的蔬菜。这类蔬菜含水量高，易贮存。常见的根菜类有萝卜、胡萝卜、甘薯、大头芥、山药、豆薯、鱼腥菜等。

1. 萝卜

萝卜俗称莱菔、芦菔。十字花科。我国自古栽培，品种较多，有冬萝卜、春萝卜、夏萝卜、秋萝卜。色泽有红、白、青和紫等。以肥大而鲜嫩多汁的冬萝卜为佳品，是受人们喜爱的一种烹调原料。

萝卜营养丰富全面，民间有"冬吃萝卜夏吃姜，不劳医生开药方"之说，有助于消化作用。另外，萝卜还含有芥子油，具有增强食欲作用。烹调中萝卜可拌、炒、烧、炖，而且有去牛、羊肉膻气作用，也是雕刻的良好原料。

2. 胡萝卜

胡萝卜又称胡芦菔。伞形科。原产于荷兰，现我国各地均产。色泽有红、黄两种。

胡萝卜营养丰富，铁含量高于其他蔬菜，质地细密，味道脆、甘，具有润泽皮肤，促使头发光泽乌黑，防止头皮发痒、头屑过多，降低血压之功效。烹调中可用炒、烧、焖、拌等多种方法，也是馅心的良好原料，还是雕刻、拼摆的良好原料。

3. 甘薯

甘薯俗称番薯、红薯、白薯、地瓜、红苕。薯蓣科。原产于墨西哥，现我国南北多有栽培，肉色有白、黄白、淡红等，甘薯以块根供食，且可用于造酒，做主粮和工业淀粉。

甘薯营养尤其是蛋白质营养丰富，热量很高，易被人体消化吸收。烹调中可蒸、煮、烧、烤等，还可用于雕刻。

四、果菜类

果菜类是指以果实与种子为供食的蔬菜。这类蔬菜含水量较低，富含各种营养，易贮存。常见的果菜有茄子、番茄、黄瓜、菜豆、辣椒、冬瓜等。

1. 茄子

俗称矮瓜、落苏、茄瓜、昆仑瓜。茄科。原产于印度，现我国南北均产。茄子有漆黑、鲜紫、绿、白等色。以条形、质柔嫩、籽小而少者为佳品。形状有圆、卵圆、线长等。

茄子在植物学上多属浆果，营养丰富，维生素 P 的含量高出其他蔬菜，故食茄子最好不要去皮。烹调中可用炒、烧、煮、煎、熘等多种方法，还可做雕刻原料。

2. 番茄

番茄俗称西红柿、洋柿子。茄科。原产于南美秘鲁，现我国各地均产，是人们喜爱的一种烹调原料，色泽有红、黄、粉红。形状有圆、扁圆、椭圆、卵圆等。

番茄在植物学上多属浆果，营养丰富全面，皮薄肉厚，柔软多汁，甜酸适度，并有特殊香气。烹调中可炒、拌、制汤等，还可生食，做雕刻、热菜盘饰造型的原料。

3. 黄瓜

黄瓜俗称胡瓜、王瓜。葫芦科。原产于喜马拉雅山脉，现我国各地均产，有些地区一年四季均产（如暖棚生产）。黄瓜以顶花带刺、质厚籽少、青绿多汁、肉质白、脆嫩爽口清香者为佳品，深受人们喜爱。

黄瓜营养丰富，汁多爽口，清血除热，利尿解毒，降压。近年，又有人提出吃黄瓜可减肥美容。烹调中可烧、炒、熘、烩，又可腌渍、制汤，还可用于雕刻、拼造型等。

4. 菜豆

菜豆别称芸豆、四季豆。豆科。原产于南美洲，现我国各地均产。是夏秋季主要蔬菜之一。菜豆品种较多，一般以扁平大荚和"油豆角"为佳品，质地细嫩，清香爽口，柔软甘美。

菜豆的营养价值较高。蛋白质（属于植物蛋白，不含胆固醇）含量高于其他蔬菜，维生素和铁的含量也高于其他蔬菜，对高血压、心血管、脑血管病具有良好的食疗作用。豆类蔬菜中含有一种二基乙烯基酮，使之有一种"豆腥气"，烹调时只要稍加一点碱水即可去除"豆腥气"。烹调中可用炒、焖、煸、炝等多种方法。

五、花菜类

花菜类指以花器部位供食为主的蔬菜。这类蔬菜营养丰富，含有各种维生素和矿物质，常见的花菜类有花椰菜、黄花菜、韭菜花等

1. 花椰菜

俗称菜花、花菜。十字花科。现我国南北各地均有栽培，春秋两季收获。以花蕾颜色发白、质脆嫩、肉厚者为佳品。目前还有一种绿色菜花，为西方引进，俗称西兰花。

花椰菜营养丰富。维生素 C 含量较高，易消化。不但能独立成菜，也可与荤、素二料配合成菜。成菜后不宜久放，否则质地软烂失味。适用于烧、炒、焖、烩等多种烹调方法。

2. 黄花菜

黄花菜又名金针菜、柠檬萱草。百合科。根近肉质，中下部常有纺锤状膨大。花葶长短不一，花梗较短，花多朵，花被淡黄色、黑紫色；蒴果钝三棱状椭圆形，花果期 5～9 月。其性味甘凉，有止血、消炎、清热、利湿等功效，含有丰富的花粉、糖类、蛋白质、维生素 C、钙、脂肪、胡萝卜素、氨基酸等人体所必需的养分。适用于烧、炒、焖、烩等多种烹调方法。

3. 韭菜花

韭菜花又名韭花，是秋天里韭白上生出的白色花簇，多在欲开未开时采摘。韭菜花富含水分，蛋白质，脂肪，糖类，灰分，矿物质钙、磷、铁，维生素 A 原、维生素 B_1、维生素 B_2、维生素 C 和食物纤维等。适宜患有夜盲症、眼干燥症之人食用，因为韭菜花中所含的大量维生素 A 原可维持视紫质的正常效能。又适宜皮肤粗糙以及便秘之人食用。

六、食用菌类

食用菌类是指可供食用的大型真菌和真菌与藻类的复合体的统称，即食用菌类与地衣类两大类。这类原料含有高蛋白、低脂肪和人体必需的氨基酸、维生素和糖类，而且滋味鲜美，口感柔软。常见的菌类有蘑菇、木耳等。

想一想：
　　如何在日常生活中根据原料的属性正确选择食用蔬菜？

动脑筋啦，亲

蔬菜类原料的加工方法

学习目标：

通过本项目内容的学习，你能够掌握原料的加工方法和要领，从而选择相对应的烹调方法加工烹制。

知识要点：

1. 正确判断原料的可食部分和不可食部分。
2. 选用正确蔬菜类原料的加工方法非常重要。

学习内容：

一、蔬菜初步加工的一般原则

蔬菜的食用部分因品种不同而有所不同，但不论使用蔬菜的哪一部分，在加工时必须做到：

（1）黄叶、老叶必须去除干净，老的部分必须切除，以保持原料的鲜嫩。

（2）虫卵、杂物、泥沙必须洗涤干净，以保证身体健康，合乎食用的卫生要求。

（3）尽量利用可食部分，做到物尽其用，切忌浪费。

（4）结合烹调要求，严格注意加工的规格要求，才能做出精美的菜肴。

二、蔬菜的加工方法

1. 菜心、芥蓝

适用于炒、扒的菜式。

（1）郊菜（又称玉树）：剪去菜花及叶尾端，在菜远上端12厘米处斜剪而成。适用于扒、炒、伴边之用。

（2）菜远（又称玉簪）：剪去菜花及叶尾端，在菜远上端 6 厘米处斜剪成段即成。适用于炒名贵菜配料。

2. 凉瓜（苦瓜）

适用于炒、酿、焖的菜式。

（1）炒：将苦瓜开边，去瓤、切去头尾，炟熟后斜刀切成片。

（2）酿：将苦瓜切去头尾，按每段 1.5 厘米切成段，挖去瓜瓤。

（3）焖：将苦瓜开边，去瓤和头尾，焗熟后切成长4厘米、宽2厘米的"日"字形。

3. 芥菜、生菜、白菜

适用于炒、扒、滚的菜式。

（1）改菜胆：切去原料的头尾，去软叶留梗，改成14厘米长。在头部用刀划"十"字，约0.5厘米的深度，若大株则一开为二。适用于炒、扒的菜式。

（2）用于滚汤：切去原料头部和老叶，再切成约5厘米的菜段。

（3）若是生菜亦可用作菜包的配料，将菜叶洗净，叠齐，再改成直径约10厘米的圆形。

4. 绍菜（又称大白菜、津菜、黄牙白）

适用于炒、扒的菜式。

（1）绍菜核：将原棵菜头择去老叶，将嫩叶剥下，撕去菜筋，开边，再改成长约15厘米的"榄棱"形，适用于炒、扒的菜式。

（2）绍菜胆：将嫩叶剥至胆时，再不剥叶，根据菜胆大小开两边或四边，适用于炒、扒的菜式。

5. 鲜菇

适用于扒、焖、炒、滚、酿的菜式。

（1）用刀削去头部的根和泥，再用刀在头部切成约0.5厘米的"十"字纹，再在菇顶浅切一刀。若较大的则一开为二，适用于炒和焖的菜式。

（2）用于酿的菜式，只取菇头部分。

6. 冬瓜

冬瓜用途甚广，因而加工成型也较多。

（1）瓜盅：在无破伤有皮冬瓜近蒂部分约24厘米高处切断，在刀口处刨斜边至见白肉为止，用刀改刻锯齿形，然后挖去瓜瓤成盅形（可在瓜皮上刻图案）。适用于原只炖的菜式。

（2）瓜件：将冬瓜去皮、去瓤，改成约20厘米方件，然后去四角（亦可改成柳叶形或蝴蝶形等图案）。适用于炖的菜式，如"白玉藏珍"等。

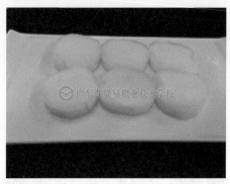

（3）棋子瓜：将冬瓜去皮、去瓤，洗净，改成直径约 3 厘米的圆条，再切成厚约 2 厘米的棋子形。适用于炆、炖的菜式（若用于名贵的菜式可改成梅花形）。

（4）瓜脯：将冬瓜去皮、去瓤，洗净，改成海棠叶形或其他形状。若用于做火腿夹冬瓜，则改成长约 8 厘米、宽约 4 厘米的"日"字形（或蝴蝶形）。适用于扒的菜式。

（5）瓜粒：去皮、去瓤，洗净后先开条，切成 1 厘米的方粒。适用于滚汤。

（6）瓜茸：去皮、去瓤，洗净后用姜磨，磨成茸状（亦可把冬瓜肉放于汤水中蒸后用手搓成幼茸状）。适用于烩羹的菜式。

7. 丝瓜（又称胜瓜）

适用于炒、滚、扒的菜式。

（1）瓜脯：切头、切尾、刨去棱边，留瓜青，开成四边，去瓜瓤，按 7 厘米长切成即可，适用于扒的菜式。

（2）瓜件：与瓜脯的加工方法相似，按长 4 厘米、宽 2 厘米切成"日"字形或菱形，适用于炒的菜式。

（3）瓜粒：去头尾、去棱边、开边去瓜瓤，改成长、宽各1厘米的方形或菱形，适用于滚汤或炒丁的菜式。

8. 茄子

适用于焖、蒸、酿的菜式。

（1）瓜条：将茄子去头、尾，开边，改成长7厘米、宽2厘米的方条，适用于焖或蒸的菜式。

（2）瓜夹：去头、尾，斜切成3厘米厚的双飞件，适用于酿的菜式。

9. 节瓜

适用于扒、焖、酿、煲的菜式。

（1）瓜脯：选用新出鲜嫩的节瓜，将其去毛皮，切去头部，开边挖去中间瓜瓤，用刀在瓜肉表面刻"井"字花纹，适用于扒的菜式。

（2）瓜环：选用细条的瓜，去毛皮，切去头部，按长 2 厘米切段，挖去瓜瓤，适用于酿的菜式。

（3）片状：刮去毛皮，切去头部，切成长 4 厘米、宽 2 厘米、厚 0.4 厘米的"日"字形，适用于滚汤、焖的菜式。

（4）丝状：刮去毛皮，切去头部，斜切成厚约 5 厘米的片状，然后再切成丝状，适用于焖的菜式。

（5）"旧"状：刮去毛皮，洗净，按长约 6 厘米切段，适用于滚汤的菜式。

想一想：

1. 蔬菜的初步加工应掌握哪些原则？
2. 熟记各种蔬菜的加工方法。

动脑筋咯，亲

常用果实类原料知识

学习目标：

通过本项目内容的学习，你能够了解常用果实类原料的生长环境和地域区别，了解常用果实类原料的形成和风味特点。

知识要点：

1. 最大限度地保持水果原料的营养价值。
2. 干果类原料的品质鉴定。

学习内容：

果实类是鲜果、干果和瓜果的总称，广义上讲还包括果干、果脯和蜜饯。果品在烹饪中应用很广，从日常小吃到豪华宴会，都有干鲜果品的应用。鲜果果实的可食部分富含汁液，含水量85%～99%。我国地域辽阔，气候、水土类型多样，栽培和野生果实资源十分丰富。据统计，我国果类资源跨三十七科，分属三百多种，品种达一万多个。蛋白质含量0.5%～1.0%，脂肪含量在0.3%左右。糖类和纤维等碳水化合物含量10%～12%，钙、钾、灰分等含量约0.4%，维生素类则依果实种类、品种而异。果品的风味、口感、香气主要源于糖类、有机酸、芳香成分、果胶质、生物色素和酶等。

一、鲜果类

鲜果类即肉质果实，成熟后肉质多汁，鲜果清新爽口，在烹调上应用较广，既能直接食用，又可熘、烩、挂浆，制作甜菜、甜羹、酸饮料以调剂口味，还可以制罐头及干制。

（一）仁果类

仁果系指那些由子房和子房以下部分花托膨大发育而来的，亦称梨果的一类果实。仁果的果心位于果实中央，有多粒种子。此类果实包括苹果、梨、枇杷、山楂等。

1. 苹果

又称林檎（北方）、超凡子、柰（古称）。苹果为蔷薇科苹果亚科苹果属多年生落叶木本植物之果。原产于欧洲、中亚及我国新疆，栽培历史已逾四百年。在我国，苹果是主要水果，主要有国光、元帅、香蕉、红玉等几十个品种。还有辽北的"红心子"、红叶、红木、红果、红肉等。苹果因品种及产地不同，自夏到秋末陆续上市。通常果实为扁环形，直径为 7 厘米，初熟时皮上有白色蜡粉。色有绿、黄、红之分，质地有脆嫩、沙软之异，味有甘甜和酸甜之别。

苹果有补益心气、生津止渴、健脾胃之功效，对高血压患者有降压功效。苹果不仅营养丰富，且口感甜酸适度、脆嫩爽口。除直接鲜食外，烹调中也可酿、拌、拔丝，还可制作甜羹，如"酿苹果""苹果羹""琉璃苹果""砂糖拌苹果"和"拔丝苹果"，还可与其他鲜果或原料搭配制作什锦果羹等。将其制成果脯、蜜饯、果干、果酱、果酒、果醋、冷饮等更是别有风味。国光品种肉质较充实，脆中带酸，适于做"拔丝苹果"。

2. 梨

又称果宗、玉乳。梨为蔷薇科苹果亚科梨属多年生木本植物的果实。梨原产于我国，适应性强，我国北至黑龙江省，南至湖南、广东均有栽培，主要分布在华北和东北各省、广东无霜区，四季梨叶常青。在我国，梨在夏秋上市，可贮至次年2～3月。梨的品种数不胜数。可概括为四大系统：秋子梨系统、白梨系统、沙梨系统、西洋梨系统。此仅择白梨系统中的上等品种"鸭梨"作简介。

鸭梨原产于河北，是我国最古老的优良品种之一。全国南北均有栽培，分布极广。日本亦传入栽培，极珍视。鸭梨果实中大，一般重150～200克，倒卵圆形。靠近果柄处有一个状似鸭头的小突起，故名鸭梨。梨果采摘时呈绿黄色，高原山区梨的阳面间或有不显著的红晕，贮后转黄。果皮薄，靠果柄处有红色斑点，微有蜡质。果实美观，果肉白色，肉质细而脆嫩，汁多味甜，有香气，品质极佳。

梨脆嫩多汁，香甜可口，常食润肺清心、消痰降火，如梨膏糖等药品以梨为主要原料制成。梨皮煎水服可治喉咙肿痛和利尿、消除浮肿。梨除做水果鲜食外，在烹调中还可用于炒、熘、炸、拌、酿，既可做主料，也可做配料。朝鲜族酸辣白菜中要放梨片，制甜品也可放梨片。菜肴中有"八宝酿梨""炸脆梨鸡""鸭梨素鱼片"等。此外，梨还可制梨干、果脯、梨丝、梨膏、梨汁、罐头、梨酒、梨醋等。

（二）准仁果类

准仁果类即柑果类，包括那些由子房的外壁、中壁形成果皮，由子房的内壁形成果肉的一类柑果，如橘子、橙子、柚子等。仅择其中的橘子作介绍：

橘子又称橘、蜜柑。橘子是芸香科柑橘属多年生植物的果实。我国是橘子原产地之一，因此资源丰富，品种繁多，至今已有四千余年栽培历史。在北纬十九度到三十三度之间，南起海南诸岛，北至淮河流域，东至台湾，西达甘肃，以至于喜马拉雅山以南均有栽培。橘类耐贮耐运，利用不同熟期品种，辅以贮藏，则可全年供应不断。

橘子的质量通常以果实充实不蔫、风味正、表皮清新、果汁丰富、无空皮者为上品，以"黄岩"、温州蜜柑、小金橘为名品，尤其以无籽者为佳。

橘皮可入药，常吃橘子可增强人体免疫力，预防坏血病、脚气病等。橘子在烹调中，主要是拔丝和糖渍等，并可与其他鲜果合烹，还可用于冷盘拼摆。如"拔丝蜜橘""橘子果羹""橘露大汤圆"等。此外，橘子还可制汁，如"橘油""橘酱"等。

（三）浆果类

浆果类包括那些由单雌蕊形成果肉、汁液丰富的果实。如葡萄、柿子、石榴、无花果、草莓、树莓、醋栗等。

葡萄为葡萄科葡萄属多年生藤本植物的果实。原产于黑海、里海和地中海，北京八月上市。我国北起黑龙江，南至广东，西自新疆，东达台湾均可种植，尤以山东肥城、甘肃张掖、江苏太仓、浙江奉化为历史著名产区。

欧洲葡萄约在汉武帝时由中亚传入我国，日本的葡萄一千多年前从我国引入。葡萄适应性强，其栽培地区之广不亚于梨和苹果，通常在秋季上市。葡萄品种繁多，分为欧亚种群、燕亚种群和北美种群。依用途分生食品种和加工品种。果粒有圆形、长圆形，颜色有红、黑、绿、黄、紫、蓝，内分有核与无核，外皮均有白色蜡质粉末。

葡萄用途很广，除生食外还可以制干，酿酒，制果酱、罐头和果汁等。做烹调原料主要是拌、拔丝和蜜渍。粒大、肉脆、无核、味佳者为上品。

（四）热带水果类

热带水果类乃依照植物检疫法引入的那些热带水果，有香蕉、菠萝、木瓜、芒果等。

香蕉又称甘蕉、蕉果。芭蕉科芭蕉属多年生巨大草本植物。芭蕉全世界约 50 个品种，我国有 7 个品种。

香蕉除做水果鲜食外，烹调中应用也很广，主要可用于炸、熘、拔丝、制冻等工艺，如"软炸香蕉""熘蜜汁香蕉""拔丝香蕉"等，常用于宴席，甚受欢迎。经常吃香蕉可以润肺、滑肠、疏通经络，对肠炎也有一定食疗作用。

（五）核果类

核果类是指那些果皮变为坚硬的果核，内含种子的真果。包括桃、梅、樱桃、猕猴桃、李子、枣、山楂、橄榄等。

桃为蔷薇科李亚科桃属桃亚属多年生植物桃树的果实。原产于中国黄河流域上游海拔

1 200～2 000 米的高原地带。品种极其繁多，北京地区七月上旬上市，圆形有尖，黄绿色，缝线深，缝线两侧及顶部有红晕，形包极美观。果肉乳白、肉脆嫩而离核。常吃有利于通经活络，祛除胃内污气，助消化，祛痰利尿，可治便秘，对肠道癌也有一定疗效。

除上述五类鲜果外，还应提一下瓜果类。它们是西瓜、香瓜（甜瓜）、白兰瓜、哈密瓜等。

西瓜为葫芦科葫芦亚科西瓜属蔓生一年生草本植物的果实。原产于中非沙漠地带，后传入我国。西瓜通常 6～8 月上市，为夏令消暑佳果。西瓜品种极多，分有籽、无籽，红瓤、黄瓤等系统。自古用来消夏、利尿、醒目，多食有益于肾，利于减肥。

西瓜除做夏令水果鲜食外，宴席上可做盅式菜，如广东的时果"西瓜盅"，陕西的"西瓜鸡"等；此外西瓜还是做瓜雕的好原料，成品晶莹剔透、格外雅致。西瓜皮还可做腌菜，为家常小菜，加工上可制西瓜酱、西瓜汁、西瓜饴、西瓜酒以及糖水西瓜等。

二、干果类

干果类指那些成熟时果皮、果肉干燥或裂去，唯坚硬种皮内种子可食的一类果实。此类果实因种子含干物质多，质地致密充实，香而爽口。有核桃仁、杏仁、莲子、榛子、松子、板栗、花生、芝麻、向日葵、椰子、橡实等。枣干、杏干、葡萄干等属于果干，分别由取食果肉的从属鲜果类的核果和坚果干缩而来，不能与干果混为一谈。

干果类品种较多，且含水量少，易于贮藏，故四季均有上市，运用较广，大多能生食。烹调中既可做各种菜肴，还可做各种糕点馅心和小吃配料。

现仅就其中的核桃和枣予以介绍。

1. 核桃

核桃又名胡桃、羌桃。是胡桃科胡桃属落叶乔木的果实，原产于波斯，本科果用栽培有胡桃属和山核桃属。包括我国在内的世界各国多栽培其中的核桃属，本属约 20 个种分布在亚欧、美洲。我国栽培有 12 个种，栽培最广者为普通桃种，此种遍布全国，尤以山东益都、山西孝义、河北昌黎、陕西商洛、甘肃武威、云南大理等地为主产区。品种极多，上市季节由夏至到秋末陆续不断，河北一带九月下旬收获上市。

核桃仁营养特点突出，自古兼作药用。《本草纲目》称其可"补气养血、润燥化痰、益命门、利三焦、温肺润肠，治虚寒咳嗽、腰脚肿疼、心腹疝痛"。现代医学认为，核桃对肾亏腰疼、肺虚久咳、大便秘结等均有疗效，尤其对大脑神经有益，是神经衰弱的辅助药用食品，此类药膳也正在进一步开发。且核桃对孕妇营养、幼儿智力均大有裨益。核桃仁作为烹饪原料，用途极广。主要分鲜、干两类，鲜者适宜各种时菜，适于炒、扒、烩、爆，如"椒麻核仁""酱爆桃仁""鸡粥桃仁""桃仁鸡丁"等，以体现清香之气。而干者则宜制冷碟菜品，如"琥珀桃仁""怪味桃仁""雪花桃仁"等，以突出干香爽口的风格，尤其云南的冰糖核桃仁香甜酥脆俱佳。

2. 枣

枣为鼠李科枣属植物，全世界枣属植物约 40 种。枣原产于我国黄河中游，之后传播到全国各地，西至新疆，东至沿海，南到广东、广西都有枣树栽培，我国枣的产区是山东、山西、河南、河北、陕西等省，此地区不仅栽培历史悠久，而且品种优良，适于生食和干制，产量也较多，占全国枣产量的 80% 以上。

枣树适应性强、结果早、收益快、寿命长。按其用途分，可分干制、生食、加工三种。制干品种即晒成的红枣品种，如圆铃枣、相枣等。特点是果肉厚、汁少、含糖量低、肉质疏松，果肉内空胞较大、皮薄、核小。如大泡枣、糖枣等品种均属此类。

枣果营养丰富，用途广泛，在医学上大枣可以入药，对高血压、浮肿等病均有疗效，是常用的滋补剂。枣作为烹调原料，用途很广。

三、果脯和蜜饯

果脯、蜜饯是以水果、蔬菜等为原料，经糖制加工而成。其含有大量的葡萄糖和果糖，极易被人体吸收和消化。此外，还含有有机酸、多种维生素和氨基酸等对人体有益的成分。我国生产果脯、蜜饯的历史悠久，它是我国传统名特食品中流传很广的一个品种。"果脯"这个名称的来源，也有很久的历史，在《诗经》和周朝的《礼记》中就有关于"脯"的记载。早在 5 世纪甘蔗制糖技术发明以前，就已有人利用蜂蜜制作果脯、蜜饯。有了蔗糖后，才用蔗糖代替了蜂蜜。"蜜饯"这个名称的来源，就是由于过去用"蜜煎"水果而得来的。在我国古籍中，用蜂蜜腌制果实早在宋代就有记载。

由于果脯质地柔软、光亮晶透、耐贮易藏、味佳形美、营养丰富，因而不仅闻名国内，在世界上也享有盛誉，早在 1913 年巴拿马万国比赛上，

我国的果脯就曾获奖章，获得了很高的评价。

所谓果脯、蜜饯不过是名称上的区分，并没有确切的区分界线，习惯的叫法也不一致。一般把比较干燥、不带蜜糖汁的称为果脯，如苹果脯、杏脯、桃脯、梨脯和蜜枣等，也称为北蜜或北果脯。像冬瓜糖、糖荸荠、糖橘饼等，表面还带有一层砂糖或粉末状的糖衣，称为糖衣果脯，也称南蜜或南果脯。蜜饯则是表面显得比较光亮湿润，或是浸在蜜或浓糖液中的，如南方的蜜李片，北方的蜜饯海棠、蜜饯红果等。

果脯、蜜饯的基本加工原理就是利用高浓度糖液所产生的高渗透压，析出果蔬中的大量水分，抑制微生物生长活动，从而达到长期贮存不变质的目的。糖本身虽不具备杀菌的作用，但高浓度的糖液能产生强大的渗透压，降低水分活性。附着在果蔬上的微生物细胞脱水，发生质壁分离现象，便于生理干燥状态而停止生长和繁殖。

想一想：

1. 如何正确加工果实原料，保持其风味和营养素？

2. 简述各果实原料的盛产地域和用途。

动脑筋咯，亲

做一做：

我们来做一做下面的练习。

练习题

1. 蔬菜一般分为多少类？

2. 地下变态茎按植物学特性分为多少种？

3. 为什么民间有"冬吃萝卜夏吃姜，不劳医生开药方"之说？

4. 食用菌类原料有哪些营养价值？

5. 蔬菜初步加工应遵循哪些原则？

6. 冬瓜可以加工成几种类型，请举例说明。

7. 水果在烹调中有哪些用途，请举例说明。

8. 香蕉在烹饪中有哪几种做法，请举例说明。

模块 三

禽蛋类原料知识

项目一

家禽类原料知识

学习目标：

通过本项目内容的学习，你能够了解烹调中常用家禽的品种、特点及烹饪方法。

知识要点：

1. 常见家禽的优良品种及特点。
2. 家禽的烹饪方法。

学习内容：

1. 鸡

鸡的种类按用途来划分，有卵用鸡、肉用鸡、卵肉兼用鸡和专用鸡四大类。较著名品种有信丰鸡、北京油鸡、九斤黄、寿光鸡、狼山鸡、浦东鸡、鹿苑鸡、庄河鸡、澳洲黑鸡、白洛克、考尼许、来航鸡、乌骨鸡、长尾鸡和斗鸡等。

（1）卵用鸡。

卵用鸡一般以产蛋为主，产蛋多而大，体形较小，活泼好动，肉质较老，如来航鸡。饮食业一般将退役卵用鸡吊汤，或用炖、煨等加热时间长的烹调方法来制作菜肴，如"汽锅鸡块""原汁酱鸡"等。

（2）肉用鸡。

肉用鸡是以产肉为主的食用鸡。体形较大、生长迅速。一般8～10周即可达到1.75千克左右，而且肉质细嫩、味较鲜美，如北京油鸡、浦东鸡、九斤黄和白洛克等。饮食业一般采用分部分方法加工制作，如鸡脯、鸡翅、鸡腿和鸡爪，分别可制作成"滑熘鸡片""葱油鸡翅""油淋鸡腿"和"凤爪冬瓜汤"等。

（3）卵肉兼用鸡。

这种鸡保持了前两者的优点，肉质较好，产蛋较多。如狼山鸡、鹿苑鸡和庄河鸡。餐饮业一般采用铁扒、清炖、烧等烹制方法来制作菜肴，如"铁扒全鸡""隔水炖鸡"等。

（4）专用鸡。

这种鸡一般专供药用和观赏，如乌骨鸡是制作名贵中药"乌鸡白凤丸"的主要原料；长尾鸡是观赏品种；斗鸡则是刺激与观赏的品种。

活鸡的羽毛光滑，躯体强壮丰满，眼有神，鸡冠和耳垂鲜红或略带粉红，行动敏捷。胸骨、嘴角带有软骨，后爪趾平者为当年鸡（嫩鸡或肥鸡），反之为老鸡。

2. 鸭

鸭的种类按用途划分，有卵用、肉用和卵肉兼用三大类。较著名的品种有北京鸭、金定鸭、三穗鸭、荆江鸭、麻鸭、建昌鸭和高邮鸭等。

（1）卵用鸭。

卵用鸭一般以产蛋为主，产蛋量较高，肉质较肉用鸭粗和老，如金定鸭、三穗鸭、荆江鸭。餐饮业一般对退役的卵用鸭采用较长加热时间的烹调方法，如炖、扒、炸、煨和蒸，成品有"香酥鸭""炸烹鸭子"和"京葱扒鸭"等。

（2）肉用鸭。

肉用鸭一般采用人工填饲育肥方法将鸭进行饲养。肉用鸭肉肥质嫩而细、味鲜美，如北京鸭、嘉积鸭等。餐饮业一般采用烤、烧扒、腊和酱等烹制方法来制作成品，如"北京烤鸭""葫芦鸭""曲米酱鸭"等。

（3）卵肉兼用鸭。

这种鸭兼具前两者优点，不仅产蛋量高，而且体形大，生长快，肉质好，味鲜美，如麻鸭中的娄门鸭、高邮鸭和南京鸭等。餐饮业一般采用腌、腊和煮等烹调方法制作成品，如"南京板鸭""盐水鸭""豆渣鸭子"和"八宝鸭"等。

活鸭羽毛丰满光润、躯体强壮，眼有神，行动活泼；掌表皮鲜红，鸭嘴和胸骨带软骨、脯部饱满、肉厚而胸骨不突出者为当年鸭（肥鸭或好鸭），反之为次鸭。

3. 鹅

鹅按形状大小划分，有大型和小型两种，较著名的品种有狮头鹅（大型），中国鹅、太湖鹅、奉化鹅、雁鹅和淑浦鹅（小型）。鹅肉一般肉质较老、肉纤维粗糙、鲜味不足，而且东北地区使用的鹅肉基本上不是当年鹅，所以餐饮业使用鹅制作菜品较少。南方地区选用崽鹅可做"南京盐水鹅""巧烧雁鹅"（广东）和"宁波糟鹅"。鹅的鉴别方法与鸭相似。

想一想：

影响家禽肉质的主要因素有哪些？

动脑筋咯，亲

家禽类原料的加工方法

学习目标：

通过本项目内容的学习，你能够掌握家禽类原料的宰杀和加工方法。

知识要点：

1. 家禽类原料在宰杀过程中遵循的原则。
2. 家禽类原料的正确宰杀方法决定了家禽的品质好坏。

学习内容：

一、禽类初步加工的一般原则

禽类原料是烹制粤菜的主要原料之一，一般分为家禽和野禽两大类。各种禽类的组织结构大致是相似的，因此加工方法也基本相同。都要经过宰杀、脱毛、开膛、取脏、洗涤五个环节。此外，禽类加工还包括起肉、脱骨等加工环节。

禽类初步加工时应注意以下几个原则：

（1）宰杀时，气管、血管必须割断，血要放净。如果家禽的气管未完全割断，它就不会立即死亡，血液则放不净，造成肉质发红，影响成品质量。

（2）脱毛时，烫水的水温要适宜。要根据禽类的品种、产地、肉质和季节变化来决定水温和烫泡的时间。肉质嫩的烫泡时间要短一些。烫水时水温过高，表皮容易烂；水温过低，难以脱毛，造成毛脱得不干净，直接影响烹制菜肴的质量。

（3）洗涤干净。禽类的内脏、血污和其他污秽物必须清除冲洗干净，否则不符合卫生要求，并影响菜肴的色泽和口味。

（4）合理选料，做到物尽其用。需要脱骨、起肉的禽鸟，应注意合理选料，避免浪费原料。

二、禽类加工方法及实例

（一）活禽的初步加工

1. 宰杀

宰杀活禽多采用割断血管、气管的方法。如鸡、鸭、鹅个体较大，不宜手提，可用绳

套脚绕翅膀吊起，将颈拉直垂下再割喉、放血。

2. 脱毛

宰杀后的烫水、脱毛，需要在禽鸟停止挣扎、完全死亡而体温尚未完全冷却时进行。烫水过早则肌肉痉挛而皮紧缩，不易脱毛；烫水过晚会造成肌体僵硬，毛孔收缩，也不易脱毛。烫水的水温要根据家禽的老嫩和季节的变化而定。一般情况下，小母鸡（粤语称"鸡项"）用65℃水温，扇鸡用75℃水温，鸭用75℃水温，鹅用70℃水温，白鸽用60℃水温，鹧鸪、斑雀、白鹤均用55℃水温，鹌鹑不用放血，用55℃水温。

3. 开膛取内脏

在禽鸟的颈与脊椎之间开一刀，取出嗉窝和食管，再将禽鸟腹朝上，在肛门与肚皮之间开一条长约5厘米的刀口，取出内脏。

4. 洗涤

将禽鸟清洗干净。将肝脏摘去胆，冲洗干净，将肫切去食管及肠，将肫刮开，把黄衣连污物一起剥掉，洗擦干净。

（二）脱骨加工

脱骨加工是在光禽的基础上，根据用途的不同而进行的加工方法，一般包括起肉和整体脱骨两项。

1. 起全鸭（全鸡、全鸽）

（1）将原只未开肚的光鸭洗净，先用刀在鸭颈背切一刀，长约6厘米，剥开颈皮，将颈骨从刀口处退出，在近鸭头处将颈骨切断（皮不要切断），再将鸭皮往下退，使整条颈骨露出。

（2）用刀将鸭翼上端与肩胛连接的筋络割断（两侧起法一样），再用刀将锁喉骨与胸肉连接处割离。

（3）将鸭仰放在砧板上，胸向上，左手按牢鸭腋部分，右手将鸭胸肉挖离胸骨到胸骨下端即止。再将胸两旁的肉挖离肋骨。

（4）切离背部根膜，顺脱至大腿上关节骨，将两腿翻向背部，用刀割断大腿筋，使腿骨脱离。再用刀背在皮肉与下脊连接处轻轻敲离，边敲边退，至尾即止，将尾骨切断，使鸭的骨骼与皮肉完全分离。

（5）在鸭翼骨的顶端用刀圈割，然后用力顶出翼骨，斩断（两边起肉方法相同）。将膝关节处割断，先起出大腿骨，然后以起翼骨的相同方法，起出小腿骨（两侧起法一样）。

（6）将鸭从颈背刀口处覆转好，起出鸭尾酥，将鸭的第二翼斩去（全鸡、全鸽应保留全翼），将鸭舌拉向一边，斩嘴留舌。

起全鸭、全鸡、全鸽的要求：不穿孔，刀口不超过翼膊，不存留残骨，起肉要干净。

适用范围：用于炖菜式，如"八宝炖全鸭""子萝炒鸭片""柠汁煎软鸭"等。

2. 起光鸡肉

（1）先在鸡嗉窝前端横刀圈割颈皮，将颈皮拉离颈部至头部切断取出，然后在背正中切一刀至尾，在鸡胸正中切一刀，将翼骨与膊骨关节割离，手抓鸡翅向后拉，将鸡肉退至大腿，再将大腿向背后翻起，用刀割断腿部与鸡身的关节及筋络，再将鸡肉拉出，脱离鸡壳。

（2）将起出的鸡肉割下鸡翅，在鸡腿部位沿腿骨切一刀，将大腿骨与小腿骨关节割开，先将大腿骨起出，再起出小腿骨（将鸡柳肉从胸骨中拉出另用）。

鸡的两侧起肉方法相同。起鸭肉、鹅肉、鸽肉与起鸡肉方法相同。

适用范围：用于炒、炸、煎等菜式，如"腰果炒鸡丁""生炒鸽松""香麻鸡脯""凤吞翅"等。

3. 红鸭的加工方法

将光鸭洗净，割两节翼，用刀背敲断四柱骨，在背上斩"十"字，切去下巴，切去鸭尾酥。

适用范围：用于扒、炸、烩菜式，如"四宝扒大鸭""荔茸窝烧鸭""拆烩红鸭丝"等。

想一想：

1. 禽类的初步加工应掌握哪些原则？
2. 写出各种活禽宰杀时脱毛应用的水温。
3. 试述宰杀活鸡的方法。

动脑筋喏，亲

蛋类原料知识

学习目标：

　　通过本项目内容的学习，你能够掌握蛋类原料的品质鉴定和构成，了解蛋类原料的属性和分类。

知识要点：

　　1. 正确区分蛋类原料的类别和属性。

　　2. 日常生活中食用的蛋类原料的营养价值。

学习内容：

　　蛋是重要的烹饪原料。餐饮业通常使用的蛋为鸡蛋，它既可做主料，又可当辅料。此外，鸽蛋、鹌鹑蛋、鸭蛋和鹅蛋也是很重要的烹饪原料。鸽蛋和鹌鹑蛋大多用于制作高档菜肴，鸭蛋和鹅蛋是制作咸蛋、松花蛋的重要原料。

　　蛋由蛋壳、壳膜、气室、蛋白、蛋黄、系带和胚胎组成。蛋壳表面有一层胶质薄膜称壳膜，又称蛋霜，它能防止微生物入侵蛋内及蛋内水分的蒸发，起到保护作用，延长保存期。

　　蛋类营养成分丰富，如蛋黄中含蛋白质较多，而且含有人体必需的各种氨基酸、脂肪、卵磷脂和脑磷脂，其中卵磷脂具有良好的乳化性，这一点对菜肴及面点的制作具有特殊的意义。蛋白从形态上可分浓、稀蛋白两种，浓蛋白在新鲜蛋中含量较多，随贮存时间的延长，稀蛋白逐渐增多。蛋在烹调中有着非常广泛的用途，蛋清加热变性后色泽洁白，蛋黄加热变性后呈金黄色，而且可以使菜肴形状丰满、美观，质地软、松、脆、嫩。同时，可以增进菜肴的营养价值，有利于人体消化吸收。如用蛋作为主料制作的"熘黄菜""酥黄菜""海米行李蛋"，作为配料制作的"软炸虾仁""浮油鸡片"等，均体现了上述各方面的因素。

　　鲜蛋以蛋清洁净、黏性强、壳纹光滑、无裂纹、无皱褶、蛋内无黑点、摇动无响声、不散黄者为佳品，反之次之。常采用感官鉴别法（视、听、嗅和触）、照光鉴别法、荧法鉴别法等来检验蛋的新鲜度，确定其好坏。

想一想:

　　1. 如何进行蛋类原料的品质鉴定?

　　2. 蛋类原料品质鉴定的常用方法有哪些?

动脑筋啦,亲

做一做:

　　我们来做一做下面的练习。

练习题

1. 蛋由什么组成?

2. 如何鉴别鲜鸡蛋的品质?

模块 四

家畜类原料知识

家畜类原料知识

学习目标：

通过本项目内容的学习，你能够了解家畜类原料的营养成分和用途，了解各国家、地区食用家畜类原料的风俗习惯。

知识要点：

1. 优良家畜类原料的特征。
2. 部分野生畜类的特征。

学习内容：

1. 猪

猪是我国的重要家畜之一，品种有百余种。按血统分类有本地种、外来种（引进种）、杂交改良种。按商品用途分类有瘦肉型、脂用型、肉脂兼用型。较著名的品种有东北猪、浙江猪、四川猪、湖南猪、广东猪和河北猪六种。

猪肉的特点是肌肉纤维细而软，结缔组织较少，色泽鲜红。但由于品种、饲养方法、年龄、部位的不同，肉质也略有区别。一般当年育肥的猪，肉质细嫩，肉色鲜红，味道鲜美。反之质量次之。

（1）东北猪。

东北猪有两种，一种为本地猪，如东北民猪；另一种为改良种，如新金猪和哈白猪。新金猪的肉质特点是肉嫩皮薄，脂肪多，出肉率高达75%。

（2）浙江猪。

浙江猪以金华猪为最好。金华猪具有皮薄肉嫩、瘦肉多、脂肪少、育肥快、出栏率快的特点，出肉率为 65％ 以上。一般饲养 10 个月左右，体重可达 100 千克，是制作金华火腿的重要原料。

（3）四川猪。

四川猪以荣昌猪为佳品。荣昌猪具有肉质肥嫩、板油多的特点，四川饲养猪的总数约占全国饲养猪的 12％，是我国养猪最多的省份之一。

（4）湖南猪。

湖南猪以宁乡猪为佳品。宁乡猪皮薄肉嫩，脂肪含量较高，肉色淡红，味鲜美，肌肉纤维细而柔软，肥瘦适中。体重一般在 75 千克左右，是制作湖南腊肉的重要原料。

（5）广东猪。

广东猪以梅花猪为佳品。梅花猪具有皮薄肉嫩、质地细密、骨细小、肉较多的特点，一般出肉率可达 65％ 以上。体重在 65 千克左右，是制作广东香肠的重要原料。

（6）河北猪。

河北猪以定县猪为佳品。定县猪具有肉质鲜嫩、肌肉纤维细软、结缔组织较少、脂肪含量较高、味道鲜美、出肉率较高的特点。

除上述猪品种以外，我国各地较著名的猪种还有河南猪、辽宁猪、湖北猪、北京黑猪、江苏猪和从国外引进的长白猪、约克夏猪、巴克夏猪和苏联大白猪。

2. 牛

牛是我国主要家畜之一，按其种类和生活习性可分为黄牛、水牛和牦牛三种。

牛肉的特点是结缔组织较多，肉色较深，肉纤维较粗，脂肪含量较低。由于牛的用途、品种、部位的不同，肉质也略有区别。一般肉用牛比退役牛质地和味道要好，育肥肉牛强于一般饲养的牛，小牛强于老牛。

（1）黄牛。

黄牛是我国的特产，在全国范围内分布较广，产量较高，约占牛总量的80%。黄牛按生长区域划分，较著名的品种有鲁西黄牛、秦川黄牛、南阳黄牛和延边黄牛。黄牛具有肉质较细嫩、坚实，肉味良好，纤维较细和色泽棕红等特点。一般净肉率在37.9%～45%。

（2）水牛。

水牛主要分布于南方各省，以役用为主。我国主要品种有四川德昌水牛、湖南滨湖水牛和浙江温州水牛，主要以退役水牛作为肉类，因此肉质老、纤维粗、色泽深、味道差，而且不易被煮酥烂。

（3）牦牛。

牦牛主要分布于西藏、青海、新疆和四川北部，牦牛在这些地区主要作为运输工具。牦牛具有耐寒冷、耐行走，喂养饲料粗糙的特点。牦牛的肉具有色泽鲜艳、肉质细嫩、肉味鲜美和肉纤维细密的特点。

除上述以外，还有引进的肉牛和淘汰的乳牛，如"海福特""安吉斯"等。这些品种具有产量高、肉纤维细密、质嫩味鲜的特点。

3．羊

羊是我国主要家畜之一，按品种可分为山羊和绵羊两种。

羊肉的特点是结缔组织少，肉纤维细嫩，脂肪含量较高，具有一定的膻味，肥羊肉一般比老羊、小羊肉鲜美、软嫩，而且膻味小，易成熟。

（1）山羊。

山羊分布于全国各地，我国各省份均有饲养（东北、华北和四川是山羊的主要产区）。山羊体形小，适应性强，具有皮肉兼用的特点。著名品种有马头山羊、中卫羔皮山羊、麻羊、阿白山羊和哈密山羊。山羊肉具有较重的膻味，肉色呈较淡的暗红色，皮下脂肪少，腹肉有较多脂肪，肉质细嫩，味鲜美。

（2）绵羊。

绵羊主要分布于东北和西北各省（新疆、内蒙古和西藏为主要产区）。著名品种有内蒙古绵羊、哈萨克绵羊、西藏绵羊和改良羊四种。绵羊肉有膻味，肉质比山羊肉坚实，肉纤维细而软，色泽暗红，肌肉有白色脂肪，含脂量较高，味鲜美。

想一想：

1．请说明家畜类原料的地域分布和生活习性。

2．请说一说家畜类原料的营养分析。

动脑筋喽，亲

家畜类原料的加工方法

学习目标：

通过本项目内容的学习，你能够掌握如何正确宰杀和加工家畜类原料，了解家畜类原料的属性和体格构成。

知识要点：

1. 不同家畜应选用不同的加工方法。

2. 掌握正确的加工和分档处理方法。

学习内容：

一、家畜类原料初步加工的一般原则

体形大的畜类一般是在屠宰场加工的，体形小的可自行宰杀，但都应注意如下几项基本要求：

（1）要放清血污。畜类的宰杀，要放清血，以保持肉色的洁净，否则会使肉质淤红，影响菜肴质量。

（2）烫水脱毛要干净。根据原料的特点，选择适合的水温，并应注意烫水时的先后次序，否则难以将毛除净，还要注意清除细小的绒毛。

（3）要洗涤干净。必须将内脏及四肢的腥臊味清洗掉，否则会影响菜肴的口味和质量。

（4）要去除影响食品质量的不良部位。如猫的脊髓，有很浓的臊味，应将其去除。

（5）加工、分割后的各部分原料应分别放置保存，以免造成相互间的染杂，影响菜肴的食味。

（6）注意节约，提高利用率。

二、家畜类原料的初步加工方法

（一）猪

生猪由于体形大，一般由屠宰场宰杀加工处理，饮食业购入的，多是已分割好各部位的原料，要经过洗涤和刀工的斩件等初步加工。

1. 洗涤

主要是内脏部分的原料要清洗干净，方法如下：

（1）猪肠：里外翻洗。先将外层的污物洗净，然后用筷子顶着肠的一头，将肠翻转，使内层向外翻，用食盐擦洗，去潺液，再用清水冲洗干净。

（2）猪肺：灌水冲洗。将猪肺的硬喉连接水龙头，将清水灌入猪肺内至发胀，然后将猪肺放下，用手按压，将灌入肺内的水及肺内的血污、泡沫挤出，反复灌洗 4~5 次，直至肺叶转白色为止。

（3）猪肚、猪舌头：烫洗。将猪舌头或翻转的猪肚放入沸水中略烫，至猪舌膜呈白色时捞起，用刀刮去舌膜、肚膜及潺液，用水洗净。

（4）猪脑：清水漂洗。先用牙签剔去猪脑的血筋、血衣。用手托住猪脑放入清水盆中，轻轻浇水漂洗至干净。由于猪脑质地极其细嫩，切不可直接用清水冲洗，以免破损。

2. 斩件

（1）斩排骨：按肋骨的间格开条，斩去脊骨，将肋骨横斩成"日"字形，刀工要均匀。洗净滤干水分。

（2）斩猪手：将猪手、脚燎去细毛，放在水中刮洗干净。用于焖的，则开边，横斩件，每件约重 30 克，洗净，滤干水分。若用于扒的菜式，则开边（皮不断），横斩几刀，骨断皮不断，洗净即可。

（二）牛

均由屠宰场宰杀后进行加工处理。初步加工主要是内脏的洗涤工作。加工方法如下：

（1）牛舌头：烫洗。先将牛舌头放入沸水中烫至白色，捞起，再用刀刮去舌膜，洗净。

（2）牛肠：用姜块塞入肠内挤压，将肠内污物挤出，再清洗干净。

（3）牛百叶、草肚：用石灰水浸 10 分钟后捞起，擦去外黑衣，洗净。或用 90℃的热水烫过，捞起，浸在冷水中，擦去黑衣，洗净。

（三）羊

一般由屠宰场宰杀。若自行宰杀的，宰杀后用 75℃热水将羊烫透后，脱毛，并刮净幼毛，开膛取内脏，洗净。羊内脏的洗涤方法与猪、牛的洗涤方法相同。

动脑筋咯，亲

想一想:

　　1. 如何分辨家畜类原料的肉质?

　　2. 日常食用范围广的家畜类原料的主要营养成分有哪些?

做一做:

　　我们来做一做下面的练习。

练习题

1. 我国较著名的猪种有哪些?

2. 牛按其种类和生活习性可分为几种?

3. 简单说说猪、牛、羊肉各自的特点。

4. 家畜宰杀应注意哪些原则?

5. 举例说明猪内脏的清洗方法。

模块 五

水产类原料知识

水产类原料知识

学习目标：

通过本项目内容的学习，你能够掌握水产类原料的品质鉴定，了解常见的水产类原料的名称、产地、性质、来源及用途。

知识要点：

1. 水产类原料的品种和分辨。
2. 海产品的保养与保鲜的要领。

学习内容：

水产品不仅品种多、产量高、食用性强、味美、质鲜嫩，而且富含各种营养成分，易被人体消化吸收。因此，深受人们喜爱。

我国东南两面临海，海岸线和岛屿线较长。内陆江河、湖泊等水域面积也相当大。在这广阔的水域中，蕴藏着众多的食用水产品资源，这些资源成为烹饪不可缺少的重要原料之一。根据种类、性质等不同，水产品大体可分为鱼类、虾蟹类和其他水产品。

一、鱼类

我国是一个海洋渔业资源丰富的国家，据统计海产鱼类有 1 000 余种，经济价值较高的海产鱼类达 200 余种。按其特征则分为有鳞鱼、无鳞鱼两大类和硬骨鱼纲、软骨鱼纲。鱼肉是动物性蛋白的重要来源。鱼肉含蛋白质 8% ~ 15%，脂肪 1% ~ 3%，其含水量 52% ~82%，也含有糖类、钙、磷、铁和维生素等，而且具有药用价值，对人体具有调节各种机能的作用。

新鲜的有鳞鱼以眼球突出、透明清澈、肉质坚实、富有弹性、鱼鳃鲜红、鳞体完整、色泽鲜艳等为特征，一般采用速冻的方法加以冷藏保管。

鱼类品种繁多，适用于多种烹调方法，在我国饮食中占有重要的地位和作用。

1. 海水鱼类

海水鱼类中常见的经济鱼类有黄鱼、带鱼、鲳鱼、鲐鱼、鲅鱼、鳗鱼、鳕鱼、石斑鱼、鲈鱼、鲷鱼、鲻鱼、鲽鱼、鳎鱼、马面鲀鱼、鳐鱼和鲨鱼等。

（1）黄鱼。

黄鱼是大、小黄鱼的统称，古称鳡和石头鱼，俗称大、小黄花鱼，黄瓜鱼，黄衣鱼，桂花黄鱼，大、小鲜鱼。是我国首要的经济鱼类。相近种：黄姑鱼、叫姑鱼、鲍鱼、白姑鱼、棘头小海鱼。硬骨鱼纲，石首鱼科。体延长、侧扁，金黄色，尾柄细长。大、小黄鱼的外形较相似，形体有大小区别。大黄鱼的鳞比较小，小黄鱼的鳞比较大，尾柄较短。黄鱼富含多种营养素，鱼鳔含胶体蛋白和黏多糖较多。熟食可开胃益气。黄鱼肉质细

嫩，味鲜美，刺少肉多，肉呈蒜瓣状，小黄鱼的滋味略比大黄鱼鲜美。适宜于烧、熘、炸、煎、熬和烩等多种烹调方法，如"干煎黄鱼""糖醋黄鱼""面粉黄鱼""雪姜黄鱼汤"和"海参黄鱼羹"等。

（2）带鱼。

带鱼古称鞭鱼、带柳，俗称白带鱼、青宗带、牙带、海刀鱼和鳞刀鱼，是我国主要的经济鱼类。相近种：小带鱼、沙带鱼。硬骨鱼纲，带鱼科。体侧扁，呈带状。尾细长如鞭，最长可达1.5米。银白色，背鳍条退化，短刺状，鳞退化。

带鱼分布于我国沿海，渔泗列岛为东海冬季主要海场。青岛和烟台等地产量较大，山海关产的质量较好。为温、暖水性中上层结群洄游性鱼类，有明显的垂直移动现象，常昼沉夜浮。春秋

两个季节为捕捞期，最大个体可达1.5米，体重在1千克左右。鱼鳞中含有鸟嘌呤、可提取药用和工业用的光鳞、海生汀、珍珠素、咖啡因等。熟食能补益五脏。肉嫩味鲜，肉多刺少。适宜于炸、烧、焖和蒸等烹调方法，如"炸烹刀鱼""糖醋带鱼""家常焖带鱼"和"清蒸刀鱼"等。

（3）鲳鱼。

鲳鱼学名银鲳鱼，俗称昌鱼、长林鱼、车片鱼、镜鱼、平鱼、海漂子和斗底昌，是我国名贵食用经济鱼类。相近种：中国鲳、刺鲳。硬骨鱼纲，鲳科。体呈卵圆形，体侧扁而高，银灰色，头小，体上有细小圆鳞，易脱落。背鳍与臀鳍同形，胸鳍较长，无腹鳍，尾鳍分叉，各鳍为浅灰色。

鲳鱼分布于我国各沿海地区，东海和南海产量较多。鲳鱼为暖水性中上层鱼类，平时较为分散，群体小，小潮时鱼群较为集中，喜欢沿海岩礁，沙滩水深10～20米一带河口处产卵。春秋为捕捞期，秦皇岛和青岛等地产的质量较好。鲳鱼具有补益气血、健胃充精

之效。鲳鱼肉质细嫩，味鲜美，肉多刺少。适宜于烧、蒸、炸、煎、烤和焖等烹调方法，如"红焖镜鱼""煎蒸鲳鱼"和"葱烧鲳鱼"等。

（4）鲐鱼。

鲐鱼俗称花池、花胶池、青占、油铜鱼、鲐巴鱼、青花鱼、占鲅鱼和花鳀，为我国主要经济鱼类。相近种：羽鳃鲐。硬骨鱼纲，鲭科。体呈纺锤形，侧扁，尾柄细。小圆鳞，胸鳍小，尾鳍分叉，腹鳍间有一小鳍间突。体背部青蓝色，具有不规则黑色斑点，腹部浅灰色。

鲐鱼分布于我国沿海，产量不大，为暖水性中上层洄游性鱼类，生殖期集成大群，在黄海北部烟台和威海海域产卵。每年 5 月为捕捞期。肉质较结实，肉多刺少，肉质细密，味鲜美，但鱼腥味较重。适宜于焖、烧、炸和炖等烹调方法，如"茄汁鲐鱼""雪菜鲐鱼"和"干炸鲐鱼"等。

（5）鲅鱼。

鲅鱼学名蓝点马鲛，俗称马鲛、燕鱼、花交、鳓和鲅，是我国重要的经济鱼类。相近种：康氏马鲛。硬骨鱼纲，鲅科。体呈纺锤形，稍侧扁，尾柄细有隆起脊，中央脊长而高。胸鳍宽短，腹鳍小，尾鳍分叉。体背部蓝褐色，体侧有不规则黑色斑点，各鳍灰褐色。

鲅鱼分布于我国黄海、渤海以及东海北部，为上层海洋鱼类，性凶猛，常成群追捕小鱼，每年春秋两个季节为捕捞期。肉多刺少，肉质坚实细密，肉味鲜，腥味小于鲐鱼。适宜于烧、焖、蒸和炖等烹调方法，如"风马鲛鱼""豆瓣鱼块"和"红烧鱼块"等。

（6）鳗鱼。

鳗鱼俗称海鳗、狼牙鳗、鸟皮鳗，是我国食用经济鱼类。相近种：鳗鲡。硬骨鱼纲，海鳗科。体延长，亚圆筒形，银色，口大，牙大而尖锐。背鳍、臀鳍和尾鳍相连，鳃孔起于胸鳍基部。体无鳞，有胸鳍，无腹鳍。

鳗鱼分布于我国各沿海地区，南海和东海产量较多。鳗鱼为温暖性鱼类，性凶猛，食肉。每年冬和初春为捕捞期。富含多种营养素，其中肝含维生素极为丰富。熟食能益气补虚损。肉质细嫩，味道鲜美，肥而不腻，肉多刺少。适宜于蒸、爆炒、烧和腌等烹调方法，如"红烧鳗鱼段""爆炒鱼花""清蒸鳗鱼"和"香糟蒸鳗鱼"等。

（7）鳕鱼。

鳕鱼俗称鳘、大头鱼、大口鱼、石肠鱼，是我国食用经济鱼类。硬骨鱼纲，鳕科。体

延长、稍侧扁、头大、尾小，灰褐色，具有不规则暗褐色斑点和斑纹。口大、牙细，背鳍两个、臀鳍两个，腹鳍喉位鳞细少。

鳕鱼分布于我国黄海及东海北部。为冷水性底栖鱼类，生殖季节向沿海洄游，春、秋、冬为捕捞期。肝含油量很高并富含维生素 A 和 D，具有滋补作用。肉味较差，肉质较嫩，刺少肉多。适宜于烧、熘、炸和烹等烹调方法，如"炸烹鱼段""油炸卤浸鱼"和"茄汁鱼段"等。

（8）石斑鱼。

石斑鱼学名宝石石斑鱼，俗称过鱼、芝麻鱼。是我国食用经济鱼类。相近种：点带石斑鱼，纵带石斑鱼。硬骨鱼纲，鳍科。体呈长椭圆形，侧扁。有小栉鳞，背鳍棘部与鳍条相连接，臀鳍与背鳍条部相对。胸鳍位底，腹鳍位于胸鳍基下方，尾鳍浅日形，体有六角形宝石状褐色斑点。

石斑鱼分布于我国南海和东海南部，为暖水性中下层鱼类，喜栖息于岩礁底质的海区，常年均可捕捞，为南海名贵鱼类。肉鲜味美，质地细嫩，肉多刺少，肉较坚实。适宜于蒸、炖、烧和炸等烹调方法，如"白汁鱼卷"等。

（9）鲈鱼。

鲈鱼俗称花鲈、鲈板、花寨和鲈子，是我国食用经济鱼类。硬骨鱼纲，鳍科。体延长，侧扁，口大，银灰色，背部和背鳍上有小黑斑。

鲈鱼分布于我国南海、东海、黄海和渤海等沿海地区，为近岸浅海鱼类，喜栖息于河口、咸淡水处。秋末为产卵期，产卵在河口处，每年春秋为捕捞期。益脾胃，补肝肾。肉质细嫩，肉味鲜美，肉厚刺少，肉色洁白。适宜于烧、氽、蒸和焖等烹调方法，如"醋椒鱼""红烧鲈鱼"和"姜汁鱼"等。

（10）鲷鱼。

鲷鱼学名真鲷，俗称红立、立鱼、赤鲫、加纳、铜盆鱼、加吉鱼、红加吉、板鱼、波立和海鲋等。是我国名贵经济鱼类。相近种：黄鲷和黑鲷。硬骨鱼纲，鲷科。体高而侧扁，红色而有淡蓝色斑点，尾鳍后缘黑色。头大，口小，体有栉鳞。背鳍和臀鳍具有硬棘。

鲷鱼分布于我国各沿海地区，产量较少，为近海暖水性底层鱼类，喜结群，生殖期游向近海，每年3~4月进入渤海莱州岛、三山岛和西北砂旺一带产卵，初冬返黄海越冬，每年春秋为捕捞期。含营养成分较全，可开胃益气。肉质细嫩，滋味鲜美，肉肥厚而刺少，肉色洁白。适宜于蒸、烤和烧等烹调方法，如"清蒸加吉鱼""明火烤加吉鱼"和"家常熬加吉鱼"等。

2. 淡水鱼类

淡水鱼中常见的经济鱼类有鲤鱼、鲫鱼、鲢鱼、鳙鱼、草鱼、青鱼、鳜鱼、鳊鱼、黑鱼、鲶鱼、鳝鱼、鲥鱼、狗鱼、银鱼、黑龙江鲟鱼、大马哈鱼、细鳞鱼、姆鳇鱼18种。

（1）鲤鱼。

鲤鱼俗称鲤拐子、拐子、仁鱼、龙门鱼，古时称赤鲤，为我国重要的经济鱼类。相近种：云南鲤、岩原鲤。按生长水域有河鲤鱼、江鲤鱼和池鲤鱼。硬骨鱼纲，鲤科。体长形，侧扁，腹部圆。背鳍基底较长，起点略前于腹鳍。臀鳍短，尾鳍叉形。体背灰黑色或黄褐色，体侧金黄色，腹部灰白。

鲤鱼分布于我国各水系。除青藏高原外，各地均产。鲤鱼为底栖性鱼类，喜活动于松软底层和水草丛中。春秋为捕捞期，最大个体可达17.5千克。催乳、健胃、利水。肉质坚实、致密，味较鲜美，刺少肉多，含脂量较高，特别是北方地区开江鱼滋味鲜美，适合烧、焖、炖、蒸、炸和熘等烹调方法，如"红烧鲤鱼""油浸鱼""碎烧鱼"和"烧头尾"等。

（2）鲫鱼。

鲫鱼俗称喜头、鲋鱼、寒鲋、鳞和鲫瓜子，为我国主要的经济鱼类。相近种：须鲫。硬骨鱼纲，鲤科。体侧扁，宽而高。口小，吻钝。口端位，无须。背鳍和臀鳍的硬棘后缘均具锯齿，尾鳍叉形。体为银灰色或金黄色，背部较深，各鳍灰色。

鲫鱼分布于我国各水系（除青藏高原外），喜栖息在水草丛生的浅水湾湖泊中。每年3~8月为产卵期，全年均产，8~12月最肥美。最大个体可达1千克左右。补虚羸，温中下气。肉质细嫩，味鲜美，刺多肉少。适合于汆、炖、焖和烧等烹调方法，如"萝卜丝汆鲫鱼""红烧鲫鱼"和"奶汤鲫鱼"等。

（3）鲢鱼。

鲢鱼俗称白鲢、洋胖头鱼、鳙鱼、鳊鱼，为我国主要的经济鱼类。硬骨鱼纲，鲤科，体侧扁而较高，头较大，鳞细小，背鳍短，起点稍近于尾鳍基，无硬棘。尾鳍深叉形，体银白色，尾和背鳍边缘略黑。

鲢鱼分布于我国东部平原各水系，以浮游生物为食，性活泼，喜跳跃，每年4~7月为产卵期，以初冬产为佳。最大个体15~20千克。益气补虚，温中暖胃。体大肉厚，肉质细嫩，味较鲜美，刺较多，肉色洁白。适合烧、焖、炖和炸等烹调方法，如"油炸卤浸鱼""红焖鱼"和"砂锅豆腐鱼"等。

（4）鳙鱼。

鳙鱼俗称花鲢、黑鲢、黄鲢、蛙鱼、鳙鱼、松鱼、胖头鱼和溶鱼，是我国主要的经济鱼类。硬骨鱼纲，鲤科。体略高而侧扁。头大，眼小，鳞细小。背鳍短，起点较近于尾鳍基，无硬鳍，尾鳍深叉形。体背部及上半部微黑，腹部银白色。

鳙鱼分布于我国东部各主要水系，生活于水的中上层。性温顺，行动迟缓。每年4～7月为产卵期，秋冬为捕捞期，最大个体可达40千克。温肾益精，补脾暖胃。肉质细嫩，滋味鲜美，体大肉厚，刺少肉多，肉色洁白。适合烧、焖、熬、炸和炖等烹调方法，如"砂锅鱼头粉皮""干烧鱼段"等。

（5）草鱼。

草鱼俗称草青、草根、鲩、草包鱼、原鱼、棍鱼、混子鱼和草鲩，为我国主要的经济鱼类。硬骨鱼纲，鲤科。体延长，亚圆筒形，头宽平，无须，口端位。体背黄色，腹部浅青黄色。

草鱼分布于我国各水系，生活在水的中下层。性活泼，游泳迅速。一年四季均产，初秋所产最好，最大个体可达3.5千克。暖脾胃，补气血。体大肉厚，肉多刺少，肉质坚实细密，味鲜美。适合焖、炸、煮和炖等烹调方法，如"西湖醋鱼""醋椒鱼"和"龙舟鱼"等。

（6）青鱼。

青鱼俗称鲭、乌鲭、黑鲩、青鲩、螺蛳鲭、铜青和鲛鱼，是我国主要的经济鱼类。硬骨鱼纲，鲤科。体长形，略呈圆筒形。头宽平，口端位，无须。体青黑色，鳍黑色，腹部灰白。

青鱼分布于我国各水系，生活在水的中下层，每年4～6月为产卵期，生长迅速。秋冬为捕捞期，成鱼一般4～5千克，最长可达1米余。养肝益肾，补气化温。肉质细密而坚实，滋味鲜美，肉多刺少，体大肉厚。适合于炒、炸、熏和烧等烹调方法，如"炒鱼片""豆豉鱼块""五香鱼"和"葱油甩水"等。

（7）鳜鱼。

鳜鱼俗称鲜花鱼、桂鱼、胖鳜、花鳜、鳌花鱼、母猪壳和绵鳞鱼，是我国名贵的经济鱼类。相近种：斑鳜。硬骨鱼纲，鲔科，体侧扁而呈纺锤状，头大。背部隆起，口大，下颌突出。背鳍

一个，硬棘发达，尾鳍圆形，各鳍皆大形。青黄色，有不规则黑色斑纹。

鳜鱼分布于我国江河湖泊中，每年5～7月为产卵期，秋冬捕捞最佳。含脂量较高。益气补虚。肉质细嫩，滋味鲜美，肉色洁白，刺少肉多。适合炖、熬、熘、炸和蒸等烹调方法，如"家常鳜鱼""松鼠桂鱼"和"清蒸三夹鱼"等。

（8）鳊鱼。

鳊鱼俗称扁花、长春鳊、法罗鱼，是我国上等的食用鱼类。相近种：鲂鱼（三角鲂）、团头鲂（武昌鱼）。硬骨鱼纲，鲤科。体略高而侧扁，长菱形。头小略尖，口端位，上颌稍长。鳃耙短小，鳞中等大。背鳍起点体中，后于腹鳍，臀鳍长，尾鳍深叉形，各鳍为青黄色或黄色。全身银白色，背部稍青灰而呈绿色光泽。

鳊鱼分布于我国东部平原南北各水系中。每年4～8月为产卵期，秋冬捕捞最佳。通常重0.5千克左右，最大个体可达2千克。含丰富的脂肪，补脾养胃，益气强身。肉质鲜嫩，滋味鲜美，骨刺较多，肉色洁白。适合蒸、炖、烧、煎和氽等烹调方法，如"葱油鳊鱼""海参烧鳊鱼"等。

（9）黑鱼。

黑鱼学名鳢鱼，俗称乌棒、活头、财鱼、生鱼、孝鱼、蛇头鱼、文鱼和斑鱼，经济价值较高。相近种：斑鸟鳢。硬骨鱼纲，鳢科。体形呈长棒状，头扁平，口裂大。吻部圆形，背鳍和臀鳍较长，尾鳍圆形。圆鳞片，侧线完整。体色为灰绿色，腹部灰白，体侧有黑色条斑纹。

黑鱼分布于我国东部平原，一年四季均产，以冬季产的最肥。黑鱼为暖水性淡水凶猛鱼，常在水底栖息。健脾利水。肉质坚实细密，肉色洁白，肉多刺少，肉肥味美。适合熘、炸、炖等烹调方法，如"松仁鱼米""双黄鱼片"和"拌生鱼"等。

（10）鲶鱼。

鲶鱼学名鲇鱼，俗称鲇拐、鲇巴郎、粘鱼、年鱼、鲛鱼、额白鱼和鳃鱼，为优良的食用鱼类。相近种：东北真鲇（怀头或六须鲶）。硬骨鱼纲，鲇科。体长形，后部侧扁，裸露无鳞，浑身都有黏液。头平扁而宽大。吻宽阔，口大，眼小。须两对，上颌须一对，可伸达胸鳍末端。背鳍小，无刺，臀鳍长，连于尾鳍，尾鳍圆形。体灰褐色，体侧有暗云状斑。

鲶鱼分布很广，除青藏高原及新疆外，全国各水系均产。为底层肉食性鱼类，每年4～7月为产卵期，春秋为捕捞期。肉质细嫩肥美，滋味鲜美，肉多刺少，肉色洁白，含脂量较高。适合炖、焖、烧和煎等烹调方法，如"家常炖茄子鲶鱼""蒜头烧鲶鱼"和"干煎鲶鱼"等。

（11）鳝鱼。

鳝鱼俗称黄鳝、长鱼，是我国特产鱼类。硬骨鱼纲，合鳃鱼科。体呈细长条，口大，眼小，尾短而尖。左右鳃孔连成一个，无胸鳍和腹鳍。背鳍和臀鳍低平，与尾鳍相连。体黄褐色，带有黑斑点。

　　鳝鱼除西北、西南外，各水系均产，以长江中下游产量较多，最大个体可达 1.5 千克。喜底栖生活，每年 6 ~ 8 月为产卵期，小暑时鳝鱼最为肥美。具有补虚除湿、强筋骨的功效。死鳝鱼不能食用（由于鳝鱼体内含有组氨酸，死后组氨酸发生变化，产生有毒物质）。适合于炒、烧和爆等烹调方法，如"清炒鳝鱼""炒软兜"和"红烧鳝段"等。

　　（12）鲥鱼。

　　鲥鱼俗称三来、三黎，为我国著名的经济鱼类。硬骨鱼纲，鲱科。体侧扁，银白色。上颌中间有一缺刻，下颌中间有一突起。口大无牙，鳞片大而薄，上有细纹。腹部具棱鳞。尾鳍深叉形，背鳍大于胸鳍。体背部灰绿色，腹部颜色浅。

　　鲥鱼分布于我国长江、钱塘江、珠江等水系。为暖水性中上层鱼类，平时栖息于近海。每年 4 ~ 5 月由海进入江河产卵，一般 4 月下旬到达南通、江阴一带，产卵期即为捕捞期。补虚损，温脾胃。肉质细嫩，滋味鲜美，肉色洁白，鱼刺较多而软，富含脂肪。同时鳞片中也含有脂肪，做鲥鱼时一般不去鳞，以便鳞片中脂肪等营养物溶于鱼肉内。适合蒸、炖和煨等烹调方法，如"清蒸鲥鱼""火腿炖鲥鱼"等。

二、虾蟹类

　　虾蟹类在我国海域和江河湖泊中均产。虾、蟹属于甲壳动物类，虾、蟹肉富含蛋白质，还含有脂肪、糖类、钙、磷、铁及维生素等。适合多种烹调方法，新鲜的以盐水煮为宜，还适合用烧、炸、烹、熘、炒等方法。其品种较多，常见的经济虾、蟹有对虾、龙虾、沼虾、河蟹、白虾、米虾、青蟹和梭子蟹等。

　　1. 对虾

　　对虾俗称明虾、斑节虾和大虾。甲壳纲，对虾科。对虾主要分布于我国黄海、渤海，以天津河口尾红和爪红的对虾最好。对虾体长而大，侧扁，甲壳薄而透明。对虾体大肉肥，味极鲜美，肉质洁白，坚实而有弹性。对虾营养价值较高，补肾壮阳，化痰开胃，是虾中的佳品。

2. 龙虾

龙虾，甲壳纲，龙虾科。在我国主要分布于东海南部和南海。体粗壮，圆柱形而略扁平，头胸甲坚硬多棘刺，两对触角发达，色鲜艳，常有美丽斑纹。龙虾个体大，肉味鲜美，肉坚实细腻。龙虾营养丰富，温肾壮阳，健胃化痰。

3. 沼虾

沼虾俗称青虾。甲壳纲，长臂虾科。分布于我国南北各江河湖泊中，以河北白洋淀、江苏太湖、山东微山湖产的最为著名。沼虾青绿色，头胸较粗大，前两对步足呈钳状。沼虾肉质坚实细嫩，肉色青白，肉味鲜美，是常用的烹调原料。营养丰富，是制作虾仁和虾米的重要原料之一。

4. 河蟹

河蟹又称螃蟹、毛蟹和绒鳌蟹。甲壳纲，方蟹科。我国南北沿海各地均产，是我国产量最大的淡水蟹类，中秋前后为盛产期。圆脐为雌，长脐为雄。新鲜蟹壳呈青灰色，有亮光，脐饱满，蟹脚坚实，重量大。死蟹有毒，不可食用。蟹肉滋味极鲜美，质地细嫩，肉质洁白。河蟹营养丰富，是高档的烹调原料。

三、其他水产品

1. 海蜇

海蜇俗称海蛇、水耳。钵水母纲，根口水母科。我国沿海均有分布，以福建、浙江产最多，质量最好，称为南蜇；天津产称为北蜇；山东产称为东蜇，质量较差。海蜇伞部隆起，为半球形，伞缘无触手，中胶层厚而硬，含有大量水分和胶质物，通常为青蓝色。海蜇营养丰富，还含有胆碱、碘和微量的磷。肉质脆嫩，清痰火，润肠燥，有治疗丹毒、火烫伤之功效。是常用的烹调原料，适合拌、炒、氽等烹调方法，如"拌蜇皮"等。

2. 蚶

蚶俗称瓦楞子。瓣鳃纲，蚶科。蚶有泥蚶、毛蚶和魁蚶之分。我国沿海均产，渤海和黄海以南产量较多，品种较全。蚶壳质坚硬，卵圆形，壳顶突出，壳表面放射线肋极发达，有细密铰合齿。壳表面白色或带绒毛状。蚶肉营养丰富，肉质软嫩，味鲜美，肉色鲜红。具有温脾胃、散寒邪之功效。烹调中一般采用涮、煮、熘、醉等烹调方法，如"醉蚶""姜汁蚶"等。

3. 蛤

蛤有文蛤、青蛤、西施舌和中国蛤蜊之分。双壳纲。我国各地沿海均产，形体相似，大小和色彩略有差异。蛤贝壳形大，背缘略呈三简形，壳面光滑似瓷质，色泽多变，具有放射状褐色斑纹。蛤营养丰富，润五脏，止消渴，味鲜美，肉质鲜嫩，肉色灰白，是我国沿海地区常食的经济贝类。在烹调中常用炒、煮、涮等烹调方法，如"炒蛤""盐水蛤"等。

4. 蛏

蛏俗称蛏子、青子、溢蛏。瓣鳃纲，竹蛏科。蛏子有大竹蛏和小竹蛏之区别。形状相似，长、短、粗、细有差异，我国沿海均产。壳呈竹筒状，壳质脆薄。壳表面凸，黄褐色壳皮具光泽。蛏子含丰富的营养成分，滋阴补虚，清热除烦，肉质鲜嫩，色泽洁白，是我国沿海较名贵的原料。在烹调中常采用炒、烧、涮、拌等烹调方法。

5. 乌贼

乌贼俗称墨鱼、墨斗鱼。头足纲，乌贼科。乌贼在我国主要产于北部海域和小燕南部沿海。有金乌贼、无针乌贼和针乌贼之分，形状相似，粗细略有差异。体呈袋形，背腹扁，侧缘绕以狭鳍。头发达，眼大。触肮一对较长，其他八肮较短。内壳发达，石灰质。乌贼肉富含营养，肉质坚实细腻，肉味鲜美，肉色乳白。具有益气生血、

滋阴保精之功效，是我国四大海产鱼之一。相近种：挖乌贼（俗称鱿鱼）。形体相似，内壳小，角质，干制后称鱿鱼和乌鱼干。乌贼在烹调中适宜于炒、爆、炝、拌、氽、熏等烹调方法，如"油爆墨鱼卷"等。

6. 牡蛎

牡蛎俗称蛎黄、海蛎子和蚝。瓣鳃纲，牡蛎科。我国各海域均产。以大连沿海所产大连湾牡蛎为优良种。牡蛎贝壳大，壳质较厚，壳顶尖至后缘渐加宽，呈三角形，右壳平坦，左壳极凸，表面灰黄色，杂以紫褐色斑纹。牡蛎营养丰富，肉质灰白，质地极鲜。滋阴血、补虚损，是一种名贵的海产品。在烹调中常用于炒、炸、涮等烹调方法。

7. 海螺

海螺俗称大海螺和香螺。腹足纲，蛾螺科。我国主要分布于黄海、渤海。贝壳大，两端较大，中部膨胀，呈纺锤形。壳面粗糙，呈黄褐色和棕色。海螺营养较丰富，肉质鲜，质地肥嫩，干制后成海螺干。海螺在烹调中常采用炖、煮、烧、炒、拌、炝等烹调方法，如"五香海螺""烧海螺"等。

想一想：

1. 试分析海水鱼类和淡水鱼类的营养成分。
2. 各种常用的贝壳各有什么特点？

动脑筋咯，亲

水产类原料的加工方法

学习目标：

　　通过本项目内容的学习，你能够掌握水产类原料的属性和分类，了解水产类原料的体格特征和处理方法。

知识要点：

　　1. 水产类原料的产地和性质。

　　2. 掌握淡水鱼和海鱼的加工处理要领。

学习内容：

一、水产品初步加工的一般原则

　　广东属于沿海地区，省内河流密布，出产的水产品相当丰富，加上外地运来的水产品，品种更是数不胜数，给粤菜的烹调奠定了良好基础。水产品味鲜肉美，营养丰富，因此用水产品制作出的菜式在粤菜中占有重要的地位。

　　水产品的初步加工主要有宰杀、刮鳞、取内脏、洗涤、起肉等过程。但具体做法，要根据不同品种和用途来决定。总的来说，应注意以下四个原则：

　　（1）注意营养卫生。水产品初步加工时，必须除去各种污秽杂质，如鱼鳞、鱼鳃、内脏、血水、黏液等，并洗涤干净。

　　（2）注意不同品种和不同用途加工方法的差异。如一般鱼取内脏要剖腹，但有些原条蒸的鱼则应将内脏从鱼口拉出。例如鲈鱼，用于蒸和炒，其加工方法就不同。

　　（3）注意形态的美观。不少水产品是以整体或起肉加工烹制成菜肴的，在初步加工过程中，应保持其外形的完整及肉质的洁净，以免影响菜肴造型的美观及食用的质量。

　　（4）注意节约，合理选用原料。如用于起肉改鱼球，可选用 1 000 克以上的鱼，如用于原条蒸的，则可选用 1 000 克以下的鱼。

二、水产品的加工方法

　　水产品种类繁多，体态各异，加工方法也很多。下面介绍常用的水产品初步加工处理方法。

1. 鲩鱼、鳊鱼、鲮鱼、鲤鱼、鲫鱼、鲢鱼等

（1）用于原条蒸菜式的加工方法。

先用刀在鱼鳃下横拉一刀放血，再将鱼放侧，用食指和拇指扣紧鳃部。一手执刀从尾至头刮去鱼鳞，再从鳃下至尾鳍用平刀在鱼腹开肚，挖出内脏、刮去黑膜，用刀挖去鱼鳃，洗净（鲩鱼还要挖去鱼牙）。

（2）用于炒、炸菜式的加工方法。

将已经取出肠脏的鱼侧放在砧板上，用平刀由尾部开始，紧贴着脊骨逆刀而上至头部，将鱼肉起出（用同样方法起出另一边鱼肉），最后斜刀起出腩骨。

2. 鳜鱼、鲈鱼、石斑鱼、黄花鱼等

（1）用于原条蒸菜式的加工方法。

将鱼拍晕，刮去鱼鳞，在肛门上0.5厘米处横切一刀（将鱼肠切断），将火钳从鱼鳃两侧插入鱼肚内，顺一方向扭动至鱼肠脏黏附在火钳上，随即把火钳连肠脏拉出，洗净。若是大条的斑鱼，应用热水略烫后再刮鱼鳞。

（2）用于炒、油泡、炸、蒸菜式的加工方法。

与鲩鱼的起肉方法一样。

3. 生鱼

（1）用于原条蒸菜式的加工方法。

在整条鱼上，用刀在鱼鳃根部戳一刀放血；从尾部至头部刮去鱼鳞（鱼头的鱼鳞也要刮净）；然后将鱼的腹鳍、尾鳍起出；用刀从头部沿着背脊将鱼肉与鱼骨分离，破开鱼头（鱼嘴部位相连），用刀从尾部沿着背脊将鱼肉与鱼骨分离，并把脊骨从头部至尾部的一段截断、取出，去除鱼鳃和肠脏，在鱼肉上切"井"字花纹，洗净。

（2）用于煲汤菜式的加工方法。

在整条鱼上，用刀在鱼鳃根部戳一刀放血；从尾部至头部刮去鱼鳞（鱼头的鱼鳞也要刮净），刮去黏液；用刀开肚取内脏，挖去鱼鳃，洗净。

（3）用于炒、油泡、炸菜式的加工方法。

在整条鱼上，用刀在鱼鳃根部戳一刀放血；从尾部至头部刮去鱼鳞（鱼头的鱼鳞也要刮净）；然后将鱼的腹鳍、尾鳍起出；用刀从头部沿着背脊将鱼肉与鱼骨分离，并用刀在近头、尾处下刀，用刀从尾部沿着背脊将另一边的鱼肉与鱼骨分离，并用刀在近头、尾处下刀，最后取出鱼肉（两侧脊肉与鱼腩应相连），洗净。

（4）用于斩件蒸菜式的加工方法。

在整条鱼上，用刀在鱼鳃根部戳一刀放血；从尾部至头部刮去鱼鳞（鱼头的鱼鳞也要刮净），挖去鱼鳃，刮去黏液；按厚0.8厘米切断，呈"金钱片"，挖去肠脏，洗净。

4. 山斑鱼、乌鱼、笋壳鱼

用于原条蒸、浸、煲汤、滚汤菜式的加工方法。

与生鱼的加工方法一样。由于这些鱼的肉质较软，因此在刮鳞时要用筷子从鱼口插入肚内，使鱼挺直，便于刮鳞。

5. 白鳝

（1）用于原条蒸菜式的加工方法。

用刀在颈部侧斩一刀（不能断）放血，用热水兑白醋将白鳝烫过，再用刀刮去黏液，洗净；在背部下刀，至腹部，刀距约1厘米，最后用筷子挑去肠脏，洗净。

（2）用于红烧、煎菜式的加工方法。

用刀在颈部侧斩一刀（不能断）放血，用热水兑白醋将白鳝烫过，再用刀刮去黏液，洗净；用刀剖腹取出肠脏、挖去鳃；按厚1厘米切断，洗净。

6. 水鱼

用于红烧、炖、煲、蒸菜式的加工方法。

将水鱼翻转，使其肚朝天，用拇指、食指钳紧尾部两侧放在砧板上，待头伸出后，用刀压着，将颈拉长，用手握颈部，竖起，从肩部中间下刀，斩断头骨和肩骨，把甲壳界开，取出内脏（特别要去清黄膏）；用60℃水温烫过，擦去外衣，斩去脚爪后再斩件（要保持裙边的完整）。

7. 田鸡

用于炒、焖、蒸菜式的加工方法。

用食指钳住田鸡腹部，从田鸡眼后部下刀，斩去头部，另一只手的食指从刀口插入，向后撕去外衣，斩去脚爪，直刀开肚，取出肠脏；在脊骨两侧下刀（骨断肉相连），再在脊骨尾部横下一刀（骨断肉相连），一只手抓住田鸡双腿，反屈，另一只手抓刀按着凸出的脊骨，把田鸡腿往后拉，将脊骨起出，再用刀斩断小腿，一只手抓住腿的末端反屈，另一只手抓刀按住凸出的骨，往后拉把小腿骨起出；最后斩件。

8. 蟹

（1）用于炒、蒸、炸菜式的加工方法。

将蟹背朝下，在蟹肚中部斩一刀，但不能斩断，翻转蟹，用刀压着蟹爪，将蟹盖揭开，刮去鳃，然后用手执蟹爪，在刀背上敲去蟹身内的污物（如有膏蟹应取出另用），洗净；斩出蟹螯并拍裂，蟹身每边斩四块，每块附一只爪（小的每块附两只爪），斩去爪尖，用斜刀削去蟹盖旁的硬边，去掉盖内污物，洗净。

（2）用于原只蒸或原只焗菜式的加工方法。

先用牙刷把蟹身、蟹爪刷干净，斩去爪尖，最后用刀撬开蟹盖后放回。

（3）用于烩羹等菜式的加工方法。

斩蟹，去蟹盖、鳃和污物，洗净，然后蒸熟或浸熟。将熟蟹斩下蟹，用刀跟将蟹钉撬出，把蟹身破开，顺着肉纹将蟹肉挑出；用刀柄碾压出蟹爪中的蟹肉；把蟹螯拍裂，去壳取出蟹肉便成。

9. 塘利鱼

（1）用于原条蒸菜式的加工方法。

用刀开鱼肚取出肠脏，挖去鱼鳃，去黏液，洗净。

（2）用于红烧菜式的加工方法。

用刀开鱼肚取出肠脏，挖去鱼鳃，再按厚1厘米斩件。

（3）用于炒、油泡菜式的加工方法。

用横刀从鱼尾至鱼头贴脊骨分别将肉起出。

10. 鲜蚝

用于炒、炸菜式的加工方法。

撬开蚝壳、取肉，洗去蚝头两旁韧带的壳屑，每 500 克生蚝用盐 3 克擦匀，去除黏液，每 500 克生蚝加入淀粉 25 克拌匀，用清水洗净，使生蚝的泥味随淀粉洗去。

11. 鲜鱿鱼、鲜墨鱼

用于炒、油泡等菜式的加工方法。

用剪刀剪开腹部，剥去软骨（粉骨）、软衣，剥去鱼眼，洗净。

12. 鲜鲍鱼

（1）用于原只蒸菜式的加工方法。

用软刷将青苔等污物擦去，洗净。若大只及用于其他菜式则要去壳。

（2）用于蒸等菜式的加工方法。

先去壳，再用刷子将青苔等污物擦去，洗净。

13. 明虾

（1）用于煎等菜式的加工方法。

先用手抓住虾身，让虾背向上，剪去虾须、枪，在枪底下用剪刀尖剔出虾屎，然后将虾翻转，用拇指按住虾尾，掌心托着虾身，从头至尾剪去虾的爪、足，再将虾背翻转，在虾背中间部位用剪刀尖剔出虾肠，最后在三叉尾处，剪去尾四分之三后剪齐底尾，洗净。

（2）用于炒、油泡菜式的加工方法。

剥去头，两手执虾尾，撕去虾壳取肉便成。

14. 龙虾

用于焗、炒等菜式的加工方法。

活龙虾先用竹签插入尾部底端，然后抽出竹签，放尿（因为虾尾部有一黑色分泌腺，吃虾时会有一股异味），再按菜肴要求开边斩件或起肉。若用沙律酱凉拌，则放尿加热至熟后起肉。

15. 响螺

用于炒、油泡、灼等菜式的加工方法。

左手执螺尾，用锤子将螺嘴部外壳敲破，取出螺肉，去掉螺厣，用盐或枧水擦掉黏液和黑衣，挖去螺肠，洗净。

想一想：

　　1. 杀鱼去内脏有哪几种方法？各有什么意义？请举例说明。

　　2. 写出剪明虾的全过程。

　　3. 用于蒸的肉蟹和膏蟹，在加工上有何区别？

动脑筋喽，亲

做一做：

　　我们来做一做下面的练习。

练 习 题

1. 说出 10 种以上的海水鱼类和淡水鱼类。

2. 黑鱼在烹调中有哪几种做法，请举例说明。

3. 为什么做鲥鱼时不用去鳞？

4. 四大家鱼是指哪些鱼类？

5. 举例说明虾在烹调中有哪几种做法？

6. 水产品的初步加工应注意哪些原则？

7. 常见杀鱼的方法有哪几种，请分别说明各自烹调的用途。

8. 鱼身上最腥的部位有哪些？

9. 请简述宰杀蟹的工艺流程。

10. 举例说明一鱼多吃的烹调方法。

模块 六

干货类原料知识

干货类原料知识

学习目标：

通过本项目内容的学习，你能够分辨常见的干货品种，了解各干货品种的性质与来源。

知识要点：

1. 常见名贵干货的外貌特征与营养价值。
2. 各类名贵干货的鉴别与用途。

学习内容：

烹调用的干制品，是经过脱水干制而成的一大类名贵的烹调原料。脱水干制的方法一般有晒、晾（包括腌和渍）。原料经过干制后含水量低，易于保藏，便于运输。餐饮业经常使用的干制品一般分为动物性海味干料、植物性海味干料、陆生动物性干料、陆生植物性干料、菌类及藻类干料等。

一、动物性海味干料

1. 燕窝

燕窝俗称燕菜，是东南亚一带海域的热带金丝燕的巢窝。巢是金丝燕筑巢时将鱼、虫等经过体内半消化和唾液一起吐出，胶结而成的巢窝。在我国主要产于海南岛、台湾等地，但产量较少。燕窝分为毛燕窝、白燕窝和血燕窝（即金丝燕孵卵所筑的三次窝）。毛燕窝色灰黑，绒毛多，品质最差。燕窝经过人工修整，熏蒸加工

之后，其色洁白，无燕绒毛，无杂质，灵巧美观，在古代作为贡品又称官燕。燕窝含蛋白质和钙、磷、铁，是一种营养价值较高的名贵烹饪原料。补肺养阴，治疗虚劳咳嗽、咯血。可做"鸽蛋蒸菜""冰糖燕菜"等。

2. 鲍鱼

鲍鱼俗称大鲍和石决明。腹足纲，鲍科，在我国主要分布于北方海域，是由一种皱纹盘鲍干制而成。鲍鱼贝壳扁而宽大，呈耳状，壳表面多为暗绿色，壳口为卵圆形，边缘锋

利，内唇厚而向内卷曲，形成一个上宽下窄，边缘圆滑的遮缘。捕捞后将鲍壳去除，取其鲍鱼肉加20%盐腌渍后，再煮熟，晒干、晾干或烘干即为干鲍鱼。干鲍鱼根据色泽分为紫鲍和明鲍两种，以金黄色为佳品。鲍鱼营养丰富、肉质鲜嫩、味道鲜美。鲍鱼还可平肝潜阳、清热益阴、明目解毒、通淋止血，是珍贵的海产软体动物，被餐饮业誉为海味之冠。可做"鸡茸鲍鱼""红烧紫鲍""扒鲍鱼卷"等。

3. 鱼肚

鱼肚是鱼的内脏器官——鱼鳔干制而成。鱼肚一般有鲤鱼肚、鮰鱼肚、鲍鱼肚、鳗鱼肚、黄鱼肚和鲨鱼肚等多种。在我国主要产于广东、福建、山东、辽宁、浙江和江苏等沿海地区及海南岛。

鱼肚以片大而厚、透明度强、色泽浅、无虫蛀、平展完整、无污物者为佳品。常见的有广肚（质量最好）、毛常肚（略次）或中片（质好）、提片（质次）等。鱼肚营养丰富，不但含有较多的胶原蛋白，而且有高蛋白、低脂肪等优点。熟食补气血、润肺健胃、补肝，是较珍贵的烹调原料，可做"三鲜鱼肚""红烧鱼肚""麻酱烧拌鱼肚"等。

4. 鱼骨

鱼骨俗称明骨，是鲨鱼和鳐鱼吻侧的半透明结缔组织和头部软骨组织脱水干制而成。我国沿海均产，以浙江和福建产品较多。鱼骨以形大、透明度强、色泽浅、有光泽、硬度大者为佳品，反之次之。鱼骨营养较全，而且对人体的神经、肝脏和循环系统具有一定的滋补作用，是较珍贵的原料，可做"白烧鱼骨"等菜肴。

5. 鱼唇

鱼唇即鲨或鳐类唇部的干制品，主要产于浙江、福建、山东、辽宁，以浙江产量最多。是名贵的海味之一，含有丰富的脂肪和胶原蛋白，是一种强健身体的滋补品。品质以唇肉透明、色鲜、有光泽、干度适宜、无虫蛀现象者为上品。鱼唇是上乘的烹调原料，可做"红扒鱼唇""清汤鱼唇"等菜肴。

6. 干贝

干贝是梯孔扇贝和梯江珧等后闭壳肌脱水干制而成。我国沿海均产，以大连沿海为主要产区。壳扇形，壳质薄。壳顶前后有耳，前大后小，右壳较平，有放射肋十条；左壳稍凸、放射肋多至三十余条。肋上有棘状突起，壳面褐色，有灰至紫红色纹彩。臂肌发达，取出为新贝，干制后称"干贝"。干贝以色泽金黄、个体大、形整齐、无虫蛀、无杂质、表面有白霜者为佳品。干贝营养

丰富，不仅单独成菜，也是制作高档菜肴的原料。具有补肾阴，益精气之功效。可做"干贝蓬菜""蒜子干贝菜""芙蓉干贝""红烧干贝"等。

7. 海参

棘皮动物类，我国沿海均产。我国有食用性海参二十余种。一般体呈圆柱形，前端有触手，分有刺和无刺两种，颜色多为黄褐、黑褐、绿褐、纯白和灰白等。以黄海和渤海所产质量最纯（刺参），其次有梅花参、绿刺参、花刺参、二斑参、白底菜参、石参、黑乳参和糙参。海参营养丰富，以个体大、坚硬、无杂物、无虫蛀者为佳品。具有补肾益精、养血润燥之功效。是较名贵的原料。可做"扒酿海参""葱烧海参""家常海参"等。

8. 虾子

虾子是虾卵脱水干制而成。品质以色泽鲜艳，颗粒整齐，无杂质，干爽利落者为佳品。虾子营养丰富，含有较高的蛋白质。味清香，使用广，是常食用的原料。可做"虾子蹄筋""虾子烧冬笋""虾子海参""虾子大乌参"等。

9. 淡菜

淡菜俗称海红，在我国主要产于黄海和渤海。由紫贻贝和原壳贻贝等取肉后干制而成。贻贝壳呈楔形或三角形，顶端尖，腹缘略直，背缘弧形，壳表面为紫褐色。淡菜以色泽鲜艳、坚实、表层略带白粉者为佳品。其营养丰富，味较鲜美，是制作汤菜的重要原料。补精血、益虚损、温阳散寒。可做"淡菜扒刺参"等。

二、植物性海味干料

1. 紫菜

紫菜属红藻门，紫菜科。在我国渤海、黄海和东海沿海均产。紫菜呈薄膜状，外有胶质层，呈紫色、褐黄色和褐绿色。采集后洗净泥沙，脱水干制而成为干紫菜。干紫菜以质脆片厚，色深而有光亮、无杂质、干爽者为佳品。紫菜营养丰富，含碘、蛋白质、钙等较高，滋味鲜美、清香。紫菜对单纯性甲状腺肿大或甲状腺功能亢进、水肿、淋病、脚气等有一定的疗效。是常用的烹调原料。可做"紫菜卷""紫菜蛋花汤"等。

2. 海带

海带属褐藻门，海带科。在我国北部及东南沿海大量养殖。其柔韧而长如带，故称海带。草质长达 2～4 米，全株分三部分，即假根、柄和带片。植物体呈褐绿色，干制后为干海带。干海带以叶宽厚、色褐绿、无沙、无枯黄叶为纯品。海带营养丰富。含磺量较高，味清淡，具有治疗甲状腺肿大等特殊功效，是高山或缺碘地区必要的原料。可做"酥海带""拌海带丝"等。

3. 鹿角菜

鹿角菜属褐藻门，杉藻科。主要产于我国北部海域。藻体重复分枝，雌雄同株。新鲜时为黄褐色，干制后变黑色或黑褐色。形状整，无杂质，干爽，有光泽者为佳品。鹿角菜营养价值较高，味较清淡，是常用的原料。可做"山东蒸丸"等。

4. 石花菜

石花菜属红藻门，石花菜科。主要产于我国渤海、黄海和东海海域。藻体呈紫红色，线状，有羽状分枝，直立丛生，固着假根状。上部的枝较密，枝丫呈扁形或亚圆柱形，下部略微稀疏。干制石花菜一般涨发后既可用为拌凉菜的原料，也可酱腌小菜。新鲜石花菜、鹿角菜和麒麟菜都是做琼脂（冻粉、洋粉）的主要原料，在食品和医药工业中运用较广。餐饮业主要用琼脂泡软后制成凉拌菜或冻制品。

三、陆生动物性干料

1. 驼峰、驼蹄

驼峰、驼蹄，主要产于内蒙古、青海等地。驼峰是骆驼的双峰，驼蹄是骆驼的四蹄，割下后脱水干制而成（现在主要用冷冻品）。驼峰有甲峰和乙峰两种，透明发亮的是甲峰（即雄峰），发白的是乙峰（即雌峰），肉色发红的质嫩，肉色发白的质老，在烹调前必须经过涨发，使其变软，才能作为烹饪原料。驼蹄也必须经过涨发才能作为烹调原料。驼峰含脂质量较高，驼蹄含胶原蛋白较多，是餐饮业较名贵的原料，可做"红烧驼掌""红烧驼峰""香酥驼峰"等。

2. 蹄筋、肉皮

蹄筋是猪、牛、羊等牲畜的四肢腿筋，肉皮是猪的表皮，原料经过脱水干制而成。一般是后腿蹄筋好于前腿蹄筋，猪蹄筋色泽好于其他，是餐饮业运用较多的原料。含有大量的胶原蛋白，主要通过水发、油发等方法，促使它回软来制作菜肴。肉皮以取于猪后腿及背部者为佳品，其他次之。肉皮通过油发后呈海绵状。餐饮业主要用于烩菜、蒸菜和烹制汤菜。南方等地运用干肉皮较多，东北地区主要将鲜猪肉皮熬制清冻、混冻。可做"酸辣蹄筋""红烧蹄筋""扒酿蹄筋"等菜。

四、陆生植物性干料

1. 笋干

笋干是玉兰片、干春笋和笔杆笋的总称，属乔本科。玉兰片主要产于湖南、福建、浙江和湖北等地。有冬片、桃片和春片之分，即立冬到清明间的竹笋，采集后脱水干制而成。一般来说冬片色泽黄白、肉厚形小、质嫩味鲜，桃片，形略大、质坚而嫩、节较稀疏，春片片大，肉质粗老，肉薄节疏。干春笋主要产于浙江，温州产量较多，杭州则质量最好。干春笋以色泽浅、含水量低、无杂质和异味者为佳品。笔杆笋主要产于南方各地，是春天雨后出的毛竹嫩笋芽和嫩青竹脱水干制而成。笔杆笋以色泽鲜艳、质干硬、无异味者为佳品。笋干含有一定的营养素，特别纤维素含量较多，具有帮助胃肠蠕动之功效。笋干肉质鲜嫩，味鲜美，不仅是高档菜肴的主要辅料，还是餐饮业常用的烹调原料。可做"白汁冬笋""蚕豆烧春笋""干烧冬笋""荠菜烧冬笋"等菜。

2. 黄花菜

黄花菜又名金针菜，百合科。主要产于湖南、江西、山西、江苏、山东、河南、四川和安徽等地，可食部分为木昌叶萱菜之花蕾。每年春末夏初，便可采集，脱水干制后即为干黄花菜。湖南、山西和江苏等地产量多、质量好。黄花菜营养丰富，但内含一种秋水仙碱（少量），所以在烹制菜肴时必须用温热水涨发变软，去除秋水仙碱后才能作为烹调原料。可做"炒金针"等。

3. 莲子

莲子属睡莲科，是莲藕的种子，去壳后脱水干制而成。原产于我国，现以湖南、福建、浙江、江西、湖北、安徽和广东为主要产区。著名品种有湘莲、白莲、红莲和冬瓜莲，以湘莲为佳品。一般是个体大、皮色淡红、皮纹细致、颗粒饱满、生食微甜，煮后易酥和味清香者为上等品。莲子营养丰富，具有养心安神、益肾补脾之功效。餐饮业主要用于制作甜点和甜菜。可做"干蒸莲子""糖莲子""琥珀莲子"等。

五、菌类及藻类干料

1. 香菇

香菇又名香蕈、冬菇。属伞菌目，香菇属。在我国主要产于浙江、福建、江西、广西、广东、台湾、安徽等地。具有独特的香气，滋味鲜美。

成熟的香菇子实体，菌盖圆形，盖缘初内卷，后平展。表面褐色或暗褐色，往往有浅鳞片。菌肉肥厚、白色。菌柄白色，中生或偏生，圆柱形或稍扁，内实。菌褶白色，辐射状排列于菌盖下面。孢子呈卵圆形，光滑无色。香菇可烧若干菜肴，与它搭配的原料以蔬菜或含蛋白质丰富的鸡、鸭、山兔、飞禽及猪通脊和猪、牛、羊各种蹄筋为宜，如"鸡茸香菇""清汤蛋白香菇""烧二筋香菇"等。

2. 黑木耳

黑木耳又称木耳、光木耳，木耳科，木耳属。黑木耳在我国分布较广，东北、东南、西南各地都有出产。湖南、湖北、四川、贵州为主要产区，其中以四川和贵州产的最为著名。

黑木耳是由菌丝体和子实体形成。菌丝体无色透明，由许多具有横隔和分枝的管状菌丝组成。子实体呈片状，侧生于树木上，形如人耳，因而得名为木耳，木耳的子实体是人们食用的部分。子实体，初生时如杯状，逐渐长大如耳状，许多耳片连在一起就呈菊花状。木耳新鲜时半透明、胶质、有弹性，干燥后强烈收缩成角质，硬而脆。

黑木耳既可作为主料，又可作配料，能与多种原料搭配。烹制方法较多，可炒、烩、炝、烧等，如"珍珠黑菜""糖水黑菜"等。木耳具有天然的黑色，常被用来作菜的装饰料。

黑木耳按季节分为三类：春耳，个体大而肥厚；伏耳，朵大而薄；秋耳，朵小肉厚，其中以春耳质量为好。

3. 白木耳

白木耳又称银耳，属异隔担子菌纲，银耳目，银耳科，银耳属。银耳主要分布在贵州、四川、福建、湖北、陕西、安徽、浙江等省的山区，其中以福建、四川、贵州等省最多，尤以四川的通江银耳、福建的漳州雪耳最为著名。

银耳的实体就是人们食用的部分，它是由薄而皱褶的瓣片组成。新鲜的子实体色洁白，半透明，表面光滑，富有弹性。它在不同的环境条件下，不同的生育阶段表现的形状不相同，基本形状有两种，一种为菊花状，另一种为鸡冠状。子实体干时呈角质，硬而脆，白色或米黄色，基部有橘黄色的耳根。烹调中适用于制甜羹，如"冰糖银耳""芙蓉银耳""鸡茸菌花银耳""三鲜银耳"等。

4. 猴头蘑

猴头蘑属层菌纲，非褶菌目，猴头茹科，猴头菇属。因子实体头状像猴头，故名。主要产于黑龙江、吉林以及河南等省。多生长于栎、胡桃等阔叶树的腐木上。产量不大，每年6~9月为生产季节。

子实体肉质，块状，基部着生处狭窄，直径5~10厘米，鲜时白色，干后淡黄色。子实体上被覆刺，呈圆锥形，下垂，肉刺上生有饱子萌发菌丝，菌丝从树中吸收水分与养料，生长发育到一定阶段，才在树皮上长出子实体。在自然条件下，猴头蘑的生长发育很慢。

猴头蘑是珍贵的良药，有助于消化等功能，具有一定的抗癌作用。猴头除药用外，其营养丰富，肉嫩味美，具特殊风味，又是著名菜肴，与熊掌、海参、鱼翅并列为四大名菜，是一种名贵山珍。人们以"山珍猴头""海味燕窝"来比喻猴头蘑的营养和特殊风味。

猴头蘑的食用方法很多，烧、烩、扒、酿、氽汤均可，如"银珠猴头蘑""云片猴头蘑"等。

5. 竹荪

竹荪属腹菌纲，鬼笔目，鬼笔科，竹荪属。生长于我国西南地区的深山竹林中的朽竹体上，主要产于四川、云南、贵州三省。

子实体笔状，顶部有钟状菌盖，盖下有白色的肉状部，向下垂，盖呈红色。表面有恶臭黏液，将臭头切去，晒干后有香味。

竹荪最适于调制汤菜，味鲜、清香、肉质脆嫩可口，是高级筵席上的名菜，可烹制菜肴较多，如"竹荪芙蓉汤""竹荪烩鸡片""竹荪莲蓬汤""竹荪莲汤""竹荪鸭掌"等。

6. 口蘑

口蘑属担子菌纲，伞菌科。产于我国内蒙古和河北西北部的牧场草地。因过去内蒙古和张家口北部地区所产的蘑菇，都以张家口为集散加工地，故名"口蘑"。张家口本地并不出产。口蘑为自然生长，每年在五月采集，集中在冬天加工成干品。

子实体菌盖初呈半球形，后平展，边缘稍向内卷，干燥后表面呈回纹状。口蘑口味极鲜，香气浓郁，质地嫩，是著名的菜肴原料，为优良用菌。

口蘑主要品种有白蘑、青腿蘑、黑蘑、香信蘑。其中以白蘑最好，黑蘑最次，质量以口形小、分量轻、肉质厚者为佳。

想一想：
1. 如何进行燕窝的品质鉴定？
2. 简述猴头蘑的药用价值。
3. 野生菌的生长环境和气候要求是什么？

动脑筋啦，亲

干货类原料的加工方法

学习目标：

通过本项目内容的学习，你能够了解干货类原料的性质和属性，掌握各类名贵干货的涨发方法。

知识要点：

1. 干货类原料涨发的常用方法。
2. 干货类原料外形和外貌特征的区分。

学习内容：

一、干货类原料涨发的目的

干货类原料一般采用阳光晒干、自然风干、以火烘干、盐渍后制干等方法加工而成。制成干货后便于久藏、便于运输、增加特殊风味、调节市场原料供求。

干货的初步加工比鲜活原料的初步加工更为复杂，必须经过一个涨发加工过程。涨发加工，在行业中简称为"发干货"，就是使干货重新吸收水分，最大限度地恢复原有形状，各种加工方法的运用，可使干货体积膨胀，质地松软，并除去腥膻气味和杂质，以便于切配和烹调，合乎食用要求。

二、干货类原料涨发的一般要求

干货类原料涨发是一项技术性较强的工作，工艺较为复杂，涨发后原料的质量对菜肴的色、香、味、形起着决定性的作用。再加上干货原料的种类多，产地不一，品质复杂，加工干制的方法多种多样，因此，性能各有不同，涨发加工的方法必须因其性能而异。一般来说，干货原料的涨发加工，应注意掌握如下的要求：

1. 熟悉原料的产地和性能

干货类原料品种繁多，有野生的，也有人工培育的，产地多而分散。因气候、土壤、水质等自然条件的不同及原料干制方法的不同，即使是同一品种原料，质量和性质也有很大差异。例如：鱿鱼中九龙吊片身薄而质地柔软，浸发的时间较短，便可达到食用的要求；而竹叶鱿体形大，身厚，浸发的时间较长，有时还需作特殊的处理，才达到爽脆的效

果。因此，熟悉原料的产地和性能，才能把干货原料发好。

2. 掌握识别干货原料的新旧、老嫩和好坏的方法

原料的质地有老、嫩、干、硬之别，准确地判断原料的等级，运用相应的加工时间和方法，是干货原料涨发成功的关键之一。例如海参，个头大的、老的海参，如梅花参，煲焗时间可长些，以加快涨发的速度，但小的或者是发霉的海参，在涨发方法上，则应以煲为辅，焗为主，并防止"泻身"（霉烂）。

3. 熟悉地掌握操作过程中的每个环节

干货类原料的涨发，往往分几个步骤进行。每个步骤的要求、目的都不同，而它们既相互联系，又相互影响，相辅相成，无论哪一个环节失误都会影响涨发的效果，甚至浪费原料，降低起货成率。

三、干货类原料的涨发方法

干货类原料涨发一般采用冷水浸发、浸焗发、浸焗煲发、煲发、蒸发、油发、沙发、火发等方法，在涨发过程中，这些方法并非孤立使用的，往往是交叉运用或综合运用的。

（一）冷水浸发

先将干货原料洗干净，再放进冷水中浸泡至原料软身，没有硬度，最后清洗干净便可。这种方法适用于植物性海味干料和部分容易涨发、异味不大的动物性海味干料，如虾米、土鱿。

1. 涨发冬菇

将冬菇放入清水中浸泡 30 分钟，直到用手抓时感到松软为止，剪去菇蒂，洗净即可。

2. 涨发土鱿

将原料放入清水中浸约 90 分钟，然后捞起，剥去红衣、眼睛、软骨，洗净即可。若质地较差的，可用清水 500 克、加入枧水 40 克兑匀后，再放进原料，浸约 20 分钟，至原料涨身、用指甲较易捏入、刀切时不粘刀为止，最后用清水漂去枧水味即可。

3. 涨发竹笋

将原料放入冷水中浸约 2 小时，再用清水漂洗 6~7 次，然后放入沸水中滚约 2 分钟，取起后用冷水漂冻，用清水浸着备用。

4. 涨发云耳

将原料放入冷水中浸 2 小时，把尾端木屑和泥土剪洗干净，再用清水漂洗 1~2 次即可（木耳、石耳的涨发方法相同）。

5. 涨发雪耳

将原料放入冷水中浸 4 小时，剪洗干净，去清木屑，放入盆内，加入沸水焗 30 分钟。若色泽带黄的，可加入少许白醋（每 500 克雪耳加入白醋 1.5 克）稍浸后，漂清水便可变白。

（二）浸焗发

将干货原料用冷水略浸至软身，洗净表面的污物，然后放入瓦制器皿内加入沸水或热水焗制，当水转冷后，再重新加入沸水或热水焗，直至原料软身为止，最后洗净，用清水

浸着备用。适用于涨发时较易吸水，并且异味不大的动物性海味干料和部分植物性海味干料，如广肚、花胶、燕窝、黄耳、榆耳等。

1. 涨发黄耳

将原料放入清水中浸约 8 小时，用牙刷擦去泥土，洗净，再用沸水焗 4 小时取出（若发不透再焗），用清水浸着备用。多用于扒的菜式，如"鼎湖上素"等。

2. 涨发燕窝（燕盏）

将燕盏放入瓦锅，用冷水浸 30 分钟，倒去冷水，加入沸水，加盖焗至水冷，至松身为止（若未松身，则倒去冷水，换沸水连续焗至松身），捞起，放在白小盘上，用小铁钳或牙签剔去燕毛（不可将燕盏、燕条弄散），用清水浸着备用。多用于烩、炖等菜式，如"鸡茸烩燕窝""双鸽吞燕"等。

3. 涨发广肚

将原料放入清水中浸约 12 小时，取起洗擦干净，放进瓦盆内，加入沸水，加盖焗至水冷，换沸水再焗，如此 2~3 次，直至肚身软透为止，再用清水浸着备用。

（1）质量要求：肚身松软，中间不硬，涨发较大，不泻烂，色泽洁白。

（2）鉴别够身方法：用手指能轻易捏入；用刀切时不粘刀；将原料分别放入沸水和冷水时，其软硬度是一致的。

（3）涨发要点：

①必须先用冷水浸后才能用沸水焗，若直接用沸水焗，则色泽不够洁白。

②浸完后，一定要将广肚洗刷干净，不能焗完再洗刷，否则会使原料破损，洗完后还有难以去除的斑渍，可放在砧板上，轻轻磨去。

③焗时，当沸水变冷时要马上更换，直至透身为止。

④浸发过程中，水一定要保持清洁，不能混有虾水、蟹水或油腻水。

（4）适用范围：适用于炖、扒、烩等菜式，如"广肚烩鸡丝"等。

（三）浸焗煲发

先将干货原料用冷水浸泡至软身（约 12 小时），洗净表面的污物；再放进瓦盆内，加入热水焗至水变冷，换热水再焗至透身，取出，用清水洗净；将原料放进砂锅内，加入清水，先用猛火烧沸，再转用慢火煲至软身，取出用清水洗净。这种方法适用于较难涨发、异味大的干货原料，如海参等。下面以涨发海参为例：

用清水将海参浸 12 小时后，取出放入盆内，每 500 克海参加入石灰 35 克或枧水 15 克，用沸水溶化，焗 3 小时，以除去海参本身的灰味。取出用冷水漂清，再放回瓦盆内，加入清水，用慢火煲焗 2 小时（至够身为止），取出用剪刀开肚，将肚内沙石洗净，留肠在海参肚内，用冷水浸着备用（如不留用海参肠，则不耐浸，容易泻身霉烂），烹制时才将肠去掉。

（1）质量要求：应呈膨胀的圆筒形状，挺直而有弹性；从中间提起，两端向下弯垂，有光泽且呈半透明状；用筷子容易插入。

（2）鉴别够身方法：用筷子能轻易插入；用刀切时不粘刀；用手抓时，松软有弹性，没有硬度。

（3）涨发要点：

①涨发时水质要洁净，避免混有油腻水、虾水、蟹水及污物等，以防影响海参吸水涨发和产生泻身变质现象。

②在焗和煲时最好使用瓦盆（或瓦煲），这样不易散热。在煲焗时，在瓦煲内放入竹笪，避免粘煲底，若海参有破损，要用竹笪将其夹起，防止海参泻身。

③在涨发过程中，注意海参的大小、干燥情况不同，因此，在焗和煲时应灵活处理。

④处理好去沙留肠的环节。

（4）适用范围：适用于扒、烩、扣等菜式，如"乌龙吐珠""蝴蝶海参羹""蒜子扣海参"等。

（四）煲发

将干货原料先用清水浸泡，然后放进瓦盆内，加入冷水，用慢火煲滚一定时间，再换水煲至透身。这种方法一般用于涨发腥味不大，内味好，但难透身的干货原料，如鲍鱼等。下面以涨发鲍鱼为例：

将鲍鱼放入清水中浸6~8小时，取出后用软刷擦洗净表面污迹。再将鲍鱼放入瓦煲内，加入清水，用中慢火煲约2小时，不揭盖焗2小时，如此重复2次。若是大只鲍鱼，最好焗久一点。

（1）质量要求：色泽明净，整体变软，体积增大，保持原有的鲜味。

（2）涨发要点：清水浸泡至略软后，要洗擦净表面污迹，若煲后再洗擦则易使鲍鱼表面受到破损；煲时要使用瓦煲或不锈钢煲，煲壁越厚越好，散热慢，焗的效果好；煲时水量要多些，加入冰糖，可起到帮助膨润，并去腥增鲜的作用。

（3）适用范围：适用于扒、蒸等菜式，如"红烧鲍脯""白玉鲍鱼卷"等。

（五）蒸发

将干货原料用清水略浸，洗净，放进瓦盆（或炖碗）内，加入姜片、葱条、清水，溅入绍酒，放入蒸柜（或蒸笼），用中火蒸炖约1小时至完全涨发后，取出去除姜片、葱条、汤水，转用上汤浸着备用。这种方法可保持原料的特殊风味和形态，因此，适用于涨发鲜味足、香味好、质地松散的干货原料，如瑶柱、干带子等，以下以涨发瑶柱为例：

将瑶柱去枕（旁边的硬肉），用清水浸10分钟，洗净，放进炖碗内，加入清水（以浸过表面为准）、姜片、葱条、绍酒，放入蒸柜（或蒸笼）内蒸约1小时，至松身（若用于煲汤，则不用蒸发，可直接使用）。

适用范围：适用于酿、扣等菜式，如"白玉瑶柱环""北菇扣柱脯"等。

（六）油发

将干货原料放进烧至一定温度的油中，用笊篱压着，慢火浸炸至完全涨发、色泽呈浅金黄色，捞起。待其凉后放入清水，浸至软身，加入枧水洗去油脂，再加入醋精漂洗，挤干水分后，用清水漂清醋味，再挤去水分。这种方法适用于胶质丰富、结缔组织多的干货原料，如蹄筋、鱼肚、鱼白、鳝肚等。

1. 涨发鱼肚（棉花肚）

将鱼肚斩成小块，然后放入90℃的油锅中，以慢火使油温逐步上升至约150℃，炸至鱼肚刚浮起，用笊篱压着原料，使其不浮于油面而炸于油中，若鱼肚浮力增大，笊篱还得

加重，增大压力，这时候溅入清水，使油脂沸腾，反复两次左右，直至将鱼肚炸至涨大、通透松脆捞起。凉冻后，放入冷水浸（水要浸过面）约 1 小时至软身，用双手在水中轻抓出其油渍，第二次加入少量枧水，用手轻抓后，放入清水漂洗，最后放进冷水中（每 5 000 克清水加白醋 50 克）再轻抓，放入清水漂洗至原料色白、不含油脂，用水浸着备用。

（1）质量要求：色泽洁白，软身，不含油脂和污物，涨发好，不泻身。

（2）涨发要点：

①要将鱼肚斩件，由此容易将原料炸透，避免泻身。

②使用洁净的油脂，并正确使用油温，讲究浸炸。在炸时溅入清水，油脂沸腾有助于原料涨发。

③炸时判断好原料色泽和够身。炸好时要求原料呈浅黄色，涨发较大，捞起后发出"卜卜"的声音，用手拗时较脆，易断。

④原料炸好冷冻后才放入冷水中浸，否则易使原料泻身。

⑤加入枧水清洗鱼肚，可去除表面的油脂，加入白醋可使原料色泽更洁白，不易变质，但洗后必须用清水漂清。若发现原料色泽不够洁白时，可多洗几次，或用剪刀把黄色不洁的污迹剪去。

（3）适用范围：适用于扒、酿、烩、炒等菜式，如"百花酿鱼肚""三丝鱼肚羹""炒桂花鱼肚"等。

2. 涨发鳝肚

先将鳝肚用清水浸至软身后，剪成片状，除去内膜，平摊在竹箕上晾干。然后，把油加热至180℃，将鳝肚放入油中，慢火浸炸，至涨发通透，捞起，需使用时用冷水浸泡至软身，洗净油脂即可。

上述是传统的涨发方法，这样涨发的鳝肚色洁白，质量好，成率高。现在有些做法是将鳝肚先斩成件，直接放入油锅中炸发，这种方法简单，但是鳝肚色泽不够洁白，起发成功率稍低。

3. 涨发鱼白

将鱼白撕开。烧锅下油加热至180℃，把鱼白放入油中。用慢火浸炸至浅金黄色，涨发通透，捞起，冷却后用清水浸泡至软身，清洗净油脂至爽身即可。

4. 涨发蹄筋

猛火烧锅下油，待油加热至180℃时，把油锅端离火炉，放入蹄筋，随即端回火炉，使用慢火浸炸至浅金黄色，涨发通透，捞起，待冷却后，放入清水中浸约 3 小时，用手将蹄筋的油脂抓洗干净，至爽身即可。适用于扒、焖等菜式，如"冬菇蹄筋扒菜胆""冬菇蹄筋煲"等。

（七）沙发

沙发是把干货原料放在已炒热的沙中加热，利用沙的传热作用，使原料膨胀松脆的一种涨发方法。沙发的涨发原理与油发基本相同，因此一般适用于油发的原料，也适用于沙发。但由于沙发传热较慢，操作时间较长，而且沙发后，原料的形态和色泽都不如油发，因此较少使用。

（八）火发

火发是将某些表皮特别坚硬，或有毛、鳞的干货原料用火烧烤，以利于涨发的一种处理方法。火发并不能直接涨发原料，还需用水发才能使原料涨发。如海参中的乌参，外皮坚硬，只采用水发，涨发效果不佳，且外皮硬而不能食用，因此采用先火发，将其坚硬外皮烤焦，刮去后，再用热水涨发的方法。

想一想：

1. 写出涨发鲍鱼的全过程。

2. 怎样涨发广肚、棉花肚、鳝肚、鱼白？

3. 干货涨发可分为哪几种方法，各适用于什么品种？

4. 熟记各种干货涨发的成率。

动脑筋咯，亲

做一做：

我们来做一做下面的练习。

练习题

1. 餐饮业常用的干制品有几种分类？

2. 举例说明鲍鱼在烹调中的几种做法。

3. 紫菜在烹调中有哪些作用？

4. 口蘑有哪些种类？

5. 干货涨发应注意哪些要求？

6. 干货涨发有哪几种方法。请分别举例说明。

7. 瑶柱在烹调中有哪些作用？

8. 火发和沙发各有什么特点？

模块 七

常用药材香料知识

常用药材香料介绍

学习目标：

通过本项目内容的学习，你能够掌握常用药材香料的品种与用途，了解常见的药材香料的外形、特征、产地和性质。

知识要点：

1. 各类药材香料的性质与用途。
2. 药材与香料的区别。

学习内容：

在粤菜烹调中，使用的各类药材香料较多。追溯历史，在五岭以南的广东还是瘴气丛生、蛇鼠横行的时候，人们生活条件非常艰苦。为了能在如此恶劣的条件下保障自身的安全，除在其他方面注意保护自己之外，在饮食上也应特别注意营养的平衡，其中之一就是善于利用各种不同性质的中药材进行调整，因此广东人在很早以前就懂得各种常用药材的药性，并善于应用在日常的饮食菜肴中，提倡药食同源。这种特性体现在粤菜用料中，可以看到粤菜中经常使用药材与食物同烹的情况，这也算是粤菜的一个特点吧。

粤菜中使用的的药材主要用于以下几个方面：

香料类：利用某些药材在加热后所散发出来的特殊香味，以去除食品中的一些异味，增加菜式的香味，有部分原料腥膻味较大，如部分畜类原料，如羊肉、狗肉等，其异味较大，如果不将其去除就令菜肴无法食用，因此可利用某些香味药材与肉料同烹，使药材的香味盖掉肉类的异味，并使肉料更具香气。同时也可利用某些药材的香味，使某些菜式成为有特殊香味的菜式，如粤菜中著名的"潮州卤水"，就是利用各种药材的配合，使卤水具有药材的香味。

保健类：中药中的许多药材具有保健的作用，如党参、红枣、枸杞子等，它们对人体有不同程度的保健作用，厨师们将其与各类肉料共同使用，可达到平衡人体生理机能的功效。但要注意的是，中医常说"凡药三分毒"，因此在使用时应注意药性的配合，以免起到反作用。

下面就介绍一些粤菜烹调中常用的药材香料。

1. 八角

别名大料、大茴、大茴香。常绿灌木，叶子呈椭圆形，花红色，果实呈八角形。性温，味辛，内含挥发油。出味后经肉料吸收，可促进肠胃蠕动，有健胃、祛痰、增加食欲之作用，是烹调中最常用的香料之一。

2. 桂皮

别名肉桂皮。常绿乔木，叶呈卵形，花黄色，果实黑色，树皮褐色。性大热，味甘辛，有健胃、强身、散寒、止痛等作用。其所含桂皮油能刺激胃肠黏膜，有助于消化机能亢进，增加胃液分泌，促进胃肠蠕动，排除消化道积气，促进血液循环。能除肉腥味，增进食物甘香气味。

3. 香叶

别名香艾。性温，味辛。具有暖胃、消滞、润喉止渴的功效，还能解鱼蟹毒。经肉料吸收后，可使肉质更加鲜甜。

4. 香茅

别名大风茅、柠檬草、柠檬茅、姜草等。多年生草本植物，叶子扁平，长而宽，圆锥花序，以茎部长、粗，肉厚者为上品。性温，味辛。可增加肉质芬芳的香气，刺激味蕾，增进食欲。

5. 花椒

别名川椒、蜀椒、大红袍、川花椒。落叶灌木或小乔木，枝上有刺，果实球形，暗红色。性热，味辛。能解鱼腥毒，减少肉腥味，防止肉质滋生病菌，还具有暖胃、消滞的作用。

6. 草果

别名草果仁、姜草果仁、煨草果仁。多年生本草植物，叶子长椭圆形，花黄白色，果实长圆形。性温，味辛。可燥湿除寒，消食化积，健脾。经肉料吸收后，可以减少肉腥膻异味。

7. 陈皮

别名柑皮、橘皮、红皮、新会皮、果皮，是晒干的橘子皮或橙子皮。性温，味苦辛。可解鱼蟹毒，能消膈气，化痰，和脾，镇咳，止呕，通五淋。出味后经肉料吸收，可减少肉腥味，还有增加菜肴风味作用，是烹调中最常用的香料之一。

8. 小茴香

别名小茴。性温，味辛。可去鱼肉腥味，具有温肾散寒、和胃理气的作用。出味后经肉料吸收，挥发小茴香本身芬芳香气，能减轻肉质膻味，疏肝开胃。

9. 丁香

别名丁子、丁子香、公丁香、母丁香。常绿乔木，叶子长椭圆形，花淡红色，果实长球形。性温，味辛。丁香的醇或醚浸出液，可缓解腹部气胀，增强消化能力，健胃祛风，减轻恶心呕吐。其味浸入肉料，食后令人口齿留香。

10. 甘草

别名甜草根、生甘草、炙甘草、粉甘草、国老。多年生草本植物，茎有毛，花紫色，荚果褐色，根有甜味。性平、味甘。其甜味经肉料吸收后可减少肉的膻腥味，还可和中缓急，润肺，祛痰，镇咳，解毒，增加人体胆汁，降低胆固醇。

11. 沙姜

别名山奈，三奈子、三赖、山辣，一年生草本植物，性热，味辛，呈褐色，略带光泽，经晒不瘪，皮薄肉厚，质脆肉嫩，味辛辣带甜。含姜辣素高，具有化痰行气，消食开胃，健脾，消水去湿和防疫等功效。所含成分经肉料吸收后，可减少肉的膻腥味，也可刺激消化道，促进肠胃蠕动，增进食欲，风味特别，是烹调中最常用的香料之一。

12. 白胡椒

别名胡椒。常绿藤本植物，叶子卵形或长椭圆形，花黄色。果实小，圆球形。性热，味辛辣。可减少肉料腥膻味，也可消除胃内积气，提升食欲，是烹调中最常用的香料之一。

13. 豆蔻

别名草豆蔻、豆蔻仁。多年生草本植物，外形似芭蕉，花淡黄色，果实扁球形，种子像石榴子。性温，味辛。其味道经肉料吸收后，除了可以减少肉腥味，还可以燥湿健脾，暖胃消滞。

14. 罗汉果

别名拉汗果。性凉，味甘甜。具有止咳清热，凉血润肠的作用。

15. 黄枝子

别名黄其子、黄栀子、水栀。性寒，味苦。用于调色，可令食物色味俱佳，促进食欲。

16. 孜然

又名安息茴香，维吾尔族称之为"孜然"，性热，味辛。孜然是烧烤食品必用的佐料，富有油性，气味芳香浓烈，用孜然加工牛羊肉，可以去腥解腻，并能令其肉质更加鲜美芳香，增加人的食欲。

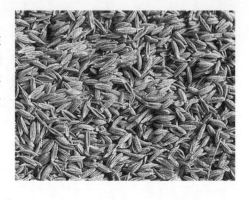

17. 南姜

又称高良姜或芦苇姜，性热，味辛。出味后经肉料吸收后，可减少膻腥味，亦能促进肠胃蠕动，增加食欲，是调制潮州卤水必不可少的材料之一。

18. 红曲米

别名红谷米。性温，味甘。用粳米加上酒曲，密封使其发热而制成，是天然的食品染色材料，色泽鲜红，亦可入药。

19. 百里香

别名地椒、麝香草。性辛，味温。有强烈芳香气味，用作调味料，可减除食物异味，食后令人口齿留香。但有微毒，应小心使用。

20. 蛤蚧

别名蛤蟹、仙蟾、大壁虎。性平，味咸。出味经肉料吸收后，可减轻酸味，能使卤水保存较长时间。

21. 川芎

别名小叶川芎、香果、雀脑芎、京芎、贯芎、抚芎、台芎、西芎。为伞形科植物川芎的根茎。川芎为多年生草本，均为栽培，香气浓郁而特殊，味苦、辛、微回甜，有麻舌感。以个大饱满、质坚实、断面色黄白、油性大、香气浓者为佳。

22. 白芷

别名芳香、泽芬、香白芷，为伞形科植物杭白芷或祁白芷的根。杭白芷栽培于江苏、安徽、浙江、湖南、四川等地，祁白芷为多年生高大草本，河北、河南等地有栽培。春种者在当年寒露时采收；秋种者在次年秋季叶枯萎时采收，挖出根后，抖去泥土，除去须根，洗净，晒干或烘干。可作香料调味品，有去腥增香的作用，多用于食疗菜肴。

23. 薄荷叶

薄荷具有医用和食用双重功能，主要食用部位是茎和叶，也可榨汁服之。在食用上，薄荷既可作为调味剂，又可作香料，还可配酒、冲茶等。新鲜薄荷常用于制作料理或甜点，以去除鱼及羊肉腥味，或搭配水果及甜点，用以提味。

24. 海马

头部像马，尾巴像猴，眼睛像变色龙，还有一条鼻子，身体像有棱有角的木雕。海马是一种经济价值较高的名贵中药，具有强身健体、补肾壮阳、舒筋活络、消炎止痛、镇静安神、止咳平喘等药用功能，特别是对于治疗神经系统的疾病更为有效，自古以来备受人们的青睐，男士们更是对其情有独钟。出味经肉料吸收后，可减轻酸味，能使卤水保存较长时间。

25. 当归

别名干归、马尾当归、秦归、马尾归。当归为伞形科植物当归的根。多年生草本，生于高寒多雨山区；多地有栽培。呈圆柱形，下部有支根3~5条或更多，长1.5~2.5厘米，表面棕黄色至棕褐色，具纵皱纹及横长皮。根头（归头）直径1.5~4厘米，具环纹，主根（归身）表面凹凸不平；支根（归尾）直径0.3~1厘米，上粗下细，多扭曲。质柔韧，断面黄白色或淡黄棕色，形成层环黄棕色，皮部有多数棕色油点及裂隙，木部射线细密，有浓郁香气，味甜，微苦，有麻舌感。以主根粗长、支根少，滑润，断面黄白色，香气浓郁者为佳。

26. 北芪

即东北黄芪，又名膜荚黄芪，因盛产于我国北方，故名北芪，主产于吉林省长白山区各县。北芪为重要的补气药，全身之气皆能补益。能补脾健胃、补肺益气、补气固气、补气消肿、补气生血、补气通络、补气升提、补气托毒、排脓生肌。古人把北芪推崇为"补气诸药之最"。

27. 砂仁

为姜科植物阳春砂仁、绿壳砂仁和海南砂仁的成熟果实或种子。砂仁是一种较为温和的草药。阳春砂仁含有挥发油，其成分十分复杂，主要有柠檬烯、芳樟醇、乙酸龙脑酯等。除有浓烈芳香气味和强烈辛辣外，还对肠道有抑制作用。有化湿醒脾、行气和胃、消食的作用。

28. 党参

党参为桔梗科植物党参、素花党参（西党参）、川党参、管花党参等的根。党参为多年生草本，生于山地灌木丛中及林缘。党参对神经系统有兴奋作用，能增强机体抵抗力；能使红细胞及血红蛋白增加；能扩张周围血管而降低血压，并可抑制肾上腺素的升压作用；具有调节胃肠运动，抗溃疡，抑制胃酸分泌，降低胃蛋白酶活性等作用；还对化疗放射线所引起的白细胞下降有提升作用。

29. 红枣

又名大枣、大红枣。自古以来就被列为"五果"（桃、李、梅、杏、枣）之一，历史悠久。红枣性温味甘，含有蛋白质、脂肪、糖、钙、磷、铁、镁及丰富的维生素 A、维生素 C、维生素 B_1、维生素 B_2，此外还含有胡萝卜素等，营养十分丰富，民间有"天天吃红枣，一生不显老"之说。很多人在煲汤时喜欢放几枚红枣当佐料，蒸鸡、炖羊肉或兔肉也喜欢加入红枣，就连炖补品、浸药酒也不例外。

30. 枸杞

枸杞果实呈类纺锤形或长卵圆形，略扁长（0.6～2 厘米），直径 0.3～1 厘米。表面红色，微有光泽，顶端有小突起状的花柱痕，基部有白色的果柄痕。果皮柔韧，皱缩，果肉厚，肉质柔润而有黏性，内有种子多枚，类肾形，扁而翘，浅黄色或棕黄色，气微，味甜而微酸。以粒大、色红、肉厚、质柔润、籽少、味甜者为佳。

31. 肉蔻

别名肉果、玉果、迦拘勒、豆蔻、顶头肉等。作调味料，可去异味，增辛香。供制酱肉之用，亦为啖汁的原料之一。豆蔻瓣粉末多用于制甜品，如布丁和巧克力等。

32. 良姜

别名小良姜，多年生草本。根茎圆柱形，具芳香气，有节，节处有环形膜质鳞片，节上生根。叶二列，长披针状，无柄，叶鞘开放抱茎。圆锥形总状花序，顶生，花轴标红色，花冠漏斗状，白色或浅红色。蒴果不开裂，球形，成熟时橘红色。味辛，性温。具强烈辛辣气味。可作卤水调味料，能去除肉膻腥味，增进食欲。良姜粉为五香粉原料之一。

33. 干姜

姜科植物姜的干燥根茎，根茎扁平块状，指状分枝，表面灰黄色或淡灰棕色，粗糙，具纵皱纹及环节。分枝处常有鳞叶残存，分枝顶端有茎痕或芽。质坚实，断面黄白色或灰白色，粉性和颗粒性，内皮层环纹明显，维管束及黄色油室散在。气香特异，味辛辣。

34. 紫苏叶

为一年生直立草本，常高 1 米余；茎绿色或紫色，为四棱形，被长柔毛。我国南北各省区均有栽培，间有逸为野生。广布于亚洲东部和东南部。采收加工，夏秋季开花前分次采摘，去除杂质，晒干。滋味鲜美的紫苏叶，在日本常为入汤的主料，价格还颇高，而它在中国虽是药食兼用之品，却很少用于汤中，且价格很便宜，在广东民间常为小食炒田螺之用。它在中药里为解表药材，能发表、散寒、理气、安胎，用于感冒风寒、发热、咳嗽、气喘、胸腹胀满、胎动不安及解鱼蟹毒。初夏遇雨湿引发的感冒发热多为风寒之证，以紫苏叶配芫荽滚鱼片汤，能解表散寒、理气宽中，既是辅助治疗风寒感冒的食疗，又为夏闷日理气宽中的家庭靓汤。

35. 藿香

又名土藿脊、排香草、大叶薄荷。藿香亦可作为烹饪佐料或者烹饪材料。因其具有健脾益气的功效，故某些比较生僻的菜肴和民间小吃中利用其丰富口味，增加营养价值，如下饭好菜火焙鱼、汉中美食罐罐茶等。藿香还可凉拌食用，解表散邪，利湿除风，清热止渴。

36. 苍术

气香特异，味微甘、辛、苦。具有燥湿健脾，祛风湿的功效。其味道经肉料吸收后，可以减少肉腥味。

37. 芫荽籽

别名胡荽籽、香菜籽、松须菜籽等。具有温和的辛香，带有鼠尾草和柠檬混合的味道，似香菜和铃兰样香气，香味柔甜而辛，透发不留长。过度成熟香气差，籽为双圆球形，表面淡黄棕色，成熟果实坚硬，气芳香，味微辣。芫荽籽是配制咖喱粉等调料的原料之一，是肉制品特别是猪肉香肠、博洛尼亚香肠、维也纳香肠、法兰克福香肠常用的香辛料。肉类限量：1.3 克/千克。芫荽籽也可用于食用香精中，主要是提取芫荽籽油作为调配香精的原料。

38. 柠檬叶

别名黎檬、洋柠檬。为芸香科植物黎檬或洋柠檬的叶，烹调中有去臭增香的作用，也可以用作食物佐料。

39. 九层塔

俗称罗勒，西餐里很常见，适合与番茄搭配；潮菜中又名"金不换"，为唇形科植物罗勒的一年生草本植物，其花呈多层塔状，故称为"九层塔"。具有很浓的柠檬香气，是制作可口的台式"三杯鸡"或"香酥鸡"不可缺少的材料，还可以炒文蛤等海鲜；台湾家常菜里还有一道简单又美味的九层塔炒鸡蛋。九层塔也是南欧菜，特别是意大利的面食里常常出现的香料，也是法国南部的九层塔酱的主材料。

九层塔有特别浓的、令人无法忘却的香味，在台湾属于广泛使用的香料。台湾乡下有这么一句俗语："九层塔，十里香。"某些品种的香味略似小茴香，味辛甜而微辣。

40. 迷迭香

别名海洋之露。叶带有茶香，味辛辣、微苦。少量干叶或新鲜叶片用于食物调料，特别用于羔羊、鸭、鸡、香肠、海味，填馅、炖菜、汤，马铃薯、番茄、萝卜等蔬菜及饮料。因味甚浓，在食前取出。古代认为迷迭香能增强记忆，在文学作品和民间传说中，它是纪念和忠诚的象征。迷迭香稍带刺激性，在传统医学中是补药和搽剂中常用的芳香成分。现在，其芳香油是味美思酒和多种化妆品的配料。

想一想：

1. 药材在烹调中主要起什么作用，试举例说明。

2. 香味的鉴定方法有哪些？

动脑筋咯，亲

做一做：

我们来做一做下面的练习。

练习题

1. 植物香料在烹调中有哪些作用，请举例说明。

2. 举例说明八角在烹调中的用途。

3. 调制潮州卤水需要用到哪些药材？

4. 海马在烹调中有哪些作用？

5. 制作红烧肉可以用到哪些药材香料？

6. 紫苏叶在粤菜烹调中通常用于哪些菜式制作？

模块 八

常用调味料知识

调味概述

学习目标：

通过本项目内容的学习，你能够对粤菜常用的调味料的性质、用途有较深的了解。对各种特殊的调味料的特点、口味、产地有一定的了解与掌握，能较熟练地运用不同的调味料进行烹饪。

知识要点：

1. 能够灵活应用调味料。
2. 对味相似的不同调味料进行分辨。

学习内容：

一、调味概述

在粤菜对菜肴的基本要求中，常有"色、香、味、形、器、量"的概念，尽管不同的时期有不同的要求，但通常将"味"放在非常重要的位置。常言道"民以食为天，食以味为先"，这句话充分说明了味在烹调中的重要地位，菜肴成品的最基本功能就是提供给人食用，而在品尝过程中，味对菜肴的质量就起着决定性的作用。因此，不管哪个菜系的菜肴，都比较重视味的调制，如川菜的百菜百味，就说明了川菜以口味变化多端吸引人。当然，不同地方的菜肴，由于气候、温度及风俗习惯等方面的因素，对味有着不同的要求，这种不同地方口味的变化，也构成了中国菜丰富的地方特色。当然，就是同一个地方，不同的就餐者的生理条件、个人嗜好、心理、种族甚至不同季节，都有可能对味觉产生不同的反应。我们通常所说的味，是指菜肴特有的味道以及进入口腔时人的综合反应，前者为香味，后者为滋味，而这些味道的构成都离不开厨师对味道的精心调制。

二、粤菜调味的作用

烹调是烹制与调味，是烹与调的结合，由此可见调味在烹调中的重要作用。

1. 去除异味

在粤菜使用到的原料中，有相当一部分是带有一些异味的，如动物原料的内脏、大部分的水产品，以及一些干货制品等，这些原料都带有其本身所具有的臭、臊、腥、膻异味，我们在加工过程中必须想办法去除这些异味，否则根本无法进食。要去除这些味道，可以通过调味时加入一些有刺激性和挥发性气味的调味原料，如葱、姜、蒜、绍酒、香料等，利用这些原料的特性，去除一部分异味，使食品更加美味。

2. 给无味的原料增加味道

有些原料本身没有任何味道，无法刺激人的食欲，通过对原料进行调味，加重了原料的味道，刺激了人的食欲。在使原料增味的调味品中，最主要的是食盐，咸味是百味之王，使用得好，可使食品带出各种鲜味，少则淡而无味，多则使咸味覆盖了其他味道。除了盐外，还有味精、姜、蒜等。

3. 确定一个菜肴的主味

一个菜可以包含由很多单一味组合而成的复合味，但应有其突出的主味，比如糖醋排骨的酸甜味，椒盐鲜鱿的香辣味等，这些味道的最后构成，都是由其使用的调味料所决定的。

4. 各种单一味的完美配合形成完美的复合味

俗语说：五味调和百味香，各种单一味的配合运用，使菜肴达到多种多样的复合味，从而使菜肴的口味有更多的变化。近年来粤菜引进的许多外来的调味料，使菜肴口味的变化更加多样。

三、粤菜调味的特点

我们前面谈到的粤菜的特点中，强调了粤菜口味清淡，但这种口味的清淡并不是清汤寡水，淡而无味，这一点常为外地饮食界所误解。其实，粤菜的味主要有以下几方面的特点：

（1）由于广东处于亚热带气候之中，一年中大部分时间都是炎热、高温的天气，因此过于油腻及浓郁的菜式并不适合广东人的饮食习惯。

（2）由于粤菜原料中使用了大量的鲜活原料，因此要求粤菜的口味要突出原料本身的鲜味，不要求添加其他过多的味道掩盖原料的本味。

（3）由于粤菜中大部分的菜式都是急火猛炒而成，在锅上调味的时间较短，为了解决这个问题，粤菜一方面较重视加热前的调味，即我们常说的肉料的腌制，通过腌制，使肉料在烹制前已充分入味，形成了"底味"，由此烹制出来的菜肴内外均有味道；另一方面，事前用多种酱料调成的、变化多端的汁酱的运用，使菜肴口味的变化十分丰富，由于酱汁通常是用十多种甚至更多的单一味混合而成复合味，配在不同的菜肴中使用可达到多种口味的效果。

（4）有时为了掩盖某些原料的异味，或为了突出某些风味菜肴的特点，在粤菜中也会使用一些味道较浓郁的调料，尤其近几年粤菜不断吸收其他兄弟菜系和国外一些菜肴的做法，在口味上有了更大的变化，如吸收了川菜的麻辣、泰国菜的香辣味等。

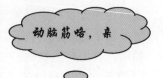

动脑筋啦，亲

想一想：

1. 调味在烹调中起到什么作用?
2. 粤菜调味有什么特点?

常用调味料介绍

学习目标：

　　通过本项目内容的学习，你能够掌握常用调味料的口味和用途，了解常用调味料的使用方法。

知识要点：

　　1. 调味料的制作过程和工序。

　　2. 调味料在烹调中的作用。

学习内容：

　　1. 酱油

　　又名豉油，是用麦或豆类经发酵后加盐、水后制成酱的上层液体状物质（下层糊状物即为酱），我国各地均有生产。酱油以咸味为主，亦有鲜味、香味等，能增加和改善菜肴的口味，还能增加或改变菜肴的色泽，在粤菜中，酱油的应用非常广泛，主要用于调味和调色。使用的品种主要有生抽、老抽及白豉油。生抽咸味较足，主要用于调味；而老抽略带甜味，颜色较深，主要用于调色；白豉油较咸，无色透明，主要用于一些不适宜有颜色的菜肴，如调制白卤水。

　　酱油含有蛋白质、多肽及人体必需的多种氨基酸等，并含有大量的食盐及硫酸盐、磷酸盐、钙、镁、钾、铁、糖类、有机酸、色素、香料成分。

　　粤菜中使用的酱油主要是广东产的品种，较著名的品牌有"致美斋""海天"等，常用的进口酱油品种有日本龟甲万字酱油，瑞士产的美极鲜酱油等，万字酱油主要用于海鲜刺身的蘸吃，而美极鲜酱油则主要用于清蒸海鲜的豉油皇调制。

　　2. 糖

　　糖是烹调中常用的调味料，粤菜常用的糖包括白糖、红糖、冰糖、饴糖、蜂蜜等。其中白糖、红糖、冰糖是由甘蔗提炼出来的。

（1）白糖。

又名白砂糖、糖霜、白霜糖等，主要为甘蔗的茎汁经精制而成的乳白色结晶体，以广东、台湾等地的产品为佳，色泽洁白，杂质少。白糖有益气健脾、润肺生津的功效，糖能增加人体的热量，但过量食用则可引起消化不良、食欲减退，甚至导致体重增加，造成肥胖、高脂血症等，对健康不利，故应适量食用。

在粤菜中，白糖常用于菜肴的调味，以及糕点的制作。由于白糖溶解后没有颜色，因此在烹调中使用白糖可保持原料的本来颜色不改变。

（2）红糖。

又名赤砂糖，是甘蔗的茎汁经提炼而成的赤色结晶体，主要产于我国南方。红糖性味甘、温，有温中暖肝、活血化瘀的功效，红糖含有一定量的钙、铁、铬、锌、锰，以及微量的蛋白质、维生素 B_2、尼克酸、维生素 A 等。并含有丰富的铁质，因而对失血较多的产妇而言，有补血的作用。红糖还含有较丰富的葡萄糖，因此易被机体消化吸收。

在粤菜中，红糖主要用于制作颜色不要求清、白的原料或制作酱汁如糖醋汁、果汁等，或可用于制作点心中的馅料。由于红糖含有较多的杂质，故使用时多先将其溶成糖水，滤去杂质，才作进一步使用。点心制作中的"蔗汁马蹄糕"就是用红糖炒糖色的。

（3）冰糖。

冰糖是由白糖煎炼而成的冰块状结晶。冰糖性味甘、平，可补中益气，和胃润肺，止咳化痰，冰糖比白糖更具滋补作用，其味甘甜。

在粤菜中冰糖常用于制作糖水，其味比白糖更清甜，在制作中加入冰糖可去除部分异味。也可用于制作点心的馅类和高级糕点。

（4）饴糖。

又名麦芽糖，是米、大麦、小麦、粟或玉米等粮食经发酵糖化制成的糖类食物，在我国各地均有生产。饴糖色泽淡黄而透明，呈浓厚的黏稠浆状，甜味较淡。饴糖性味甘温，缓中补虚，健脾和胃，生津润燥，补肺止咳。有强壮补胃的作用。

饴糖在粤菜中主要用于烧烤制品的糖皮调制，将按一定比例调制好的糖皮涂于原料的表面并吹干后，经高温烧烤或油炸，由于糖受热后产生碳化作用，可使原料表皮有一定的脆度和大红的颜色，以增加菜肴的色泽和香味。

（5）蜂蜜。

又称石蜜，为蜜科昆虫中华蜜蜂酿的蜜糖，我国各地均有生产。蜂蜜是蜜蜂采花酿成，通常是透明或半透明的黏性液体。蜂蜜是在粤菜烹饪中较常采用的一种甜味调料，它有较高的甜度和较丰富的营养成分，除富含糖类外，还含有多种有机物、酯类、蛋白质、色素及镁、钾、钙、硫、磷、铁、锰、铜、镍等矿物质。其性味甘、平。有补中润燥、止痛解毒等功效，主治肺燥、咳嗽、肠燥便秘、水火烫伤，蜂蜜的主要成分为糖类，富含人体容易吸收的葡萄糖和果糖，以及少量的蔗糖、饴糖等，营养丰富，为滋补佳品。粤菜中常利用其营养丰富和甜度较高的特点，用于烹制具有风味特点的菜式，如"蜜汁叉烧""蜜汁排骨"等。

3. 味精

是烹调中最常用的调味料之一，属鲜味调味类的主要原料，是由小麦、大豆等含蛋白质较多的物质，经用淀粉发酵或水解法制成的一种粉末状或结晶体状的调味品，其主要成分是谷氨酸钠，有固体和液体之分，但饮食业中以固体味精为常见，固体味精根据其形状又可分为粉状味精、针状味精，其中针状味精又有粗针与幼针之分。粉状味精含盐分较多，咸度稍高，但较易溶解，常用于凉拌菜式的制作。针状味精主要用于热菜的烹制，鲜味较足。

以前曾有人认为味精对人体有害，这是一个误解，只要使用得当，味精对人体是有益无害的。味精含有的大量谷氨酸钠，是人体所需要的一种氨基酸，96%能被人体吸收，形成人体组织中的蛋白质。谷氨酸能与血氨结合成无毒的谷氨酰胺，预防和治疗肝昏迷，并能参与人体脑内蛋白质和糖的代谢，能改善神经系统的功能，所以对大脑发育不全、癫痫等病症也有辅助治疗的功效，平时在烹调食物时加点味精来调味对身体是有益无害的。但要注意的是，由于味精在长时间高温加热的情况下，易变为焦谷氨酸钠，此时味精失去了鲜味，而具有轻微的毒性，在碱性或强酸性溶液中沉淀或难以溶解，其鲜味也不明显甚至消失。因此在使用味精时不宜对其进行长时间的加热，最好是在菜肴出锅前或装盘后调入，且要注意用量，成人每人每日摄入量不应超过120毫克/千克，一岁以内婴儿不宜食用。食用过量的味精会使人感到口干，产生一种似咸非咸、涩口的感觉。

正确使用味精可使菜肴增加鲜味，但使用时应与食盐配合使用，在粤菜中凡是咸鲜味的菜肴中基本都用到味精，但近年来调味料市场产品增加不少，人们逐渐喜欢使用一些复合型调味料代替味精，如鸡精、牛肉精等，这些鲜味原料除了鲜味外还含有各自的特殊味道，如鸡精含有鸡肉的鲜味，牛肉精含有牛肉的鲜味，这些鲜味使厨师在制作不同菜式时有更多的选择，菜肴的味道更有特色。

4. 食醋

食醋的味酸而醇厚，是烹饪中一种必不可少的调味品，其主要成分为乙酸、高级醇类等，现在常用的食醋主要有米醋、熏醋、糖醋、白醋等。根据产地、品种的不同，食醋中所含醋酸的量也不同，一般为 5% ~ 8%，食醋的酸味强度主要由其中所含醋酸量的大小所决定。

食醋中除了含有醋酸以外，还有对身体有益的其他一些营养成分，如乳酸、葡萄糖酸、琥珀酸、氨基酸、糖和钙、磷、铁及维生素 B_2 等。食醋因原料和制作方法不同，可分为发酵醋和人工合成醋两种，其主要品种有米醋、熏醋、白醋等。食醋在粤菜烹调中的作用主要有：

（1）调和菜肴滋味，增加菜肴的香味，去除异味。

（2）能减少原料中维生素 C 的损失，促进原料中钙、磷、铁等矿物成分的溶解，提高菜肴营养价值和人体的吸收利用率。

（3）能够调节和刺激人的食欲，促进消化液的分泌，有助于食物的消化吸收。

（4）在原料的加工中，具有一定的抑制细菌、杀菌的作用，可用于食物或原料的保鲜防腐，如用醋腌渍某些食物，可使其放置时间更长。

（5）许多酸甜菜肴中，都要用醋进行调味，使口味的变化更加多种多样。

粤菜中常用的食醋种类：

我国生产的名醋有很多，如用高粱作原料的山西老陈醋，用麸皮作原料的四川麸醋，用糯米作原料的镇江香醋，以大米为原料的江浙玫瑰米醋，以白酒为原料的丹东白醋等。在粤菜中较常用的是白醋、陈醋等。

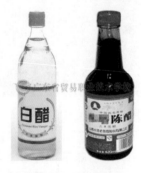

（1）白醋是用大米酿制而成的，其色微黄、透明，具有较醇厚的酸味，由于其本身颜色较浅，因此能与其他不同颜色的调味料混合，调成不同颜色的酱料与芡色，粤菜中白醋较少单独使用，多用于调制复合味的酱汁，如糖醋、西柠汁、橙汁等。

（2）陈醋以我国山西所出最为出名，是以优质高粱为主要原料，以优质麸皮为辅料，经糊化、糖化、酒化、醋化四个阶段，筛选优良菌种，精心酿制而成。多年来对工艺不断改革，运用多菌种发酵原理，增强陈醋的品质和风味，形成了色泽棕褐、浓郁清香、酸甜可口、回味悠长、久存不变质的独家风味，而且不发霉，冬不结冰，越放越香，久放不腐，非常受人们欢迎和喜爱。在粤菜中，陈醋主要用于调味，如"鱼香茄子煲"或"酸辣汤"等菜式，就要用陈醋来调味了。

5. 番茄酱

番茄酱是在粤菜中应用较多的一种酸味调味料，以番茄为主要原料，将番茄洗净去皮，切成小块，然后加热使之软化，软化后经搅拌打成浆状，最后加糖浓缩而成。

6. 喼汁

喼汁原是西餐的调味料，后被粤菜引入，成为常用的调味品，在我国南方各地均有生产及使用，主要由优质酿造醋、洋葱、丁香、玉果、八角、小茴香等多种名贵香辛料加入生姜、蒜头、辣椒、红糖等原料经破碎后高温熬制而成，汁液沉淀澄清后装瓶而成。其特点是黑褐色泽，芳香、微酸、微辣，甜，有独特的浓郁香味，能增进食欲，在粤菜中主要用途是调制汁酱，如糖醋、果汁、煎封汁等，亦可作腌制的调料，如腌牛肉等，在许多煎或炸的品种中，也用于蘸食的汁酱。

7. 花生酱

花生酱是用优质花生仁炒熟后研磨而成，具有浓郁的花生香味，富含蛋白质、脂肪、氨基酸，并含有一定量的纤维素、不饱和脂肪酸、矿物质。可替代饮食中的黄油、奶油等动物油脂产品。由于保留了花生中的亚油酸、花生四烯酸等不饱和脂肪酸，对儿童及中老年人群的营养极为有利，特别是已经患有高血脂的中老年人，可长期食用，不仅无血脂升高之虞，反而有利于降解体内已经形成的血脂，软化血管。其酱体色泽乳黄，香气浓郁，味美可口，营养丰富，具有花生清香气味。

花生酱的制作是采用特殊的生产工艺，将花生脱衣、破碎、打浆、均质化，成为色泽纯正、香气浓郁、口感细腻的花生酱，其品种有幼滑装与带粒装，各有不同的用途。

粤菜中花生酱主要用于烹制甜品，如花生奶露等，用花生酱调出的甜味有非常浓郁的花生香味。亦常用于调制汁酱，在许多咸味的酱汁中都有放入花生酱作为调味的配料，如调制"煲仔酱"等，亦可用于肉类的腌制，主要是利用其特殊的香味来使酱汁或肉类增加香味。

8. 辣椒酱

辣椒酱也是粤菜中非常常用的调味料，是鲜红辣椒经盐腌制，后破碎磨制以特殊的工艺加工而成，含有丰富的维生素和胡萝卜素，还含有蛋白质、糖类、磷、铁、钙等营养物质，粤菜中较常用的辣椒酱主要有紫金椒酱、桂林辣椒酱等，以及部分进口的辣椒酱，如美国的高斯辣椒仔及泰国的辣椒酱等，但由于粤菜本身的特点，其所用的辣椒酱的辣度一般不及四川出产的辣度大。

紫金椒酱原名"沈鸿昌椒酱"，是广东紫金县传统名牌产品，有两百多年的生产历史，采用优质大蒜、大红辣椒、沙姜、大料等二十多种原料经久陈酿陈腌精制而成之天然色素、无防腐剂的调味佳品，其成品辣中带香，有浓郁的蒜香味，其风味独特，营养丰富，有调和气血、帮助消化、增强食欲等保健功能。1984年获广东省优质产品奖，畅销全国和东南亚各地。

桂林辣椒酱为桂林特产之一，有百年左右的历史。与豆腐乳、三花酒同被称为"桂林三宝"。主要原料为鲜红辣椒、豆豉和大蒜等。选料十分讲究，生产工艺独特。所用豆豉由工厂特制，红辣椒由专用基地提供。将鲜辣椒摘下、清洗、绞碎后，严格按独特配方与其他原料搅拌、密封入缸，经过数月存放后分装销售。具有色泽红褐、粗细均匀、鲜辣醇香、咸淡适口的特点。能健脾开胃、助消化，为宴席或家庭调味佳品。桂林辣椒酱分为豆豉蒜茸辣椒酱和蒜茸辣椒酱两种，各有各的特色。桂林辣椒酱不仅开胃，而且酱中含有丰富的维生素 A、C、G 与 B 族维生素，以及钙、磷、钾、铁等矿物质。

以上两种辣椒酱都是粤菜中较常用的调味品。

9. 豆豉

又名香豉，是用大豆、蚕豆等豆类经蒸制发酵后，利用霉菌、蛋白酶和淀粉酶的作用酿制而成，豆豉味鲜香，咸淡适口，在菜肴制作中可使菜肴有特殊的香味，因此在粤菜中被广泛使用，但使用时常将其剁为茸，并加入其他的调味料制成豉汁。

豆豉不仅味美、可口，而且营养丰富，含有蛋白质、脂肪、糖类及钙、铁、磷、钴、钠、硒、硫胺素、核黄素、尼克酸等。现代营养学研究证明，豆豉的营养几乎与牛肉相当，含蛋白质 39%，脂肪 8.2%，钴的含量是小麦的 40 倍，有良好的预防冠心病的作用，钠的含量是小麦的 50 倍，硒的含量比高硒食物——大蒜、洋葱还高，现代医学发现，豆豉中还含有大量能溶解血栓的尿激素，能有效地预防脑血栓形成，对改善大脑血流量和防治老年性痴呆症很有效果。

10. 海鲜酱

海鲜酱又称甜酱，是由白糖、甘薯、水、面豉、食盐、改良玉米淀粉、芝麻酱、香料、南乳、蒜、咸辣椒、醋酸、焦糖色、赤藓红、苯甲酸钠制成，各种香料带出了海鲜的鲜甜味。海鲜酱咸中带甜，含有丰富的蛋白质、脂肪、糖类、碳水化合物及多种维生素，色泽暗红，甜中带酸，味道鲜美，在粤菜中常用于调制酱汁，如煲仔酱等，亦可配制粉面等食品，美味可口，是片皮鸭、啫啫煲、杂菜煲、拌食薄饼或烧烤食品等必不可少的调味佳品。如用于片皮鸭的做法是：烧鸭起出鸭皮，在碟中倒入适量海鲜酱，放鸭皮于面粉皮上，涂匀海鲜酱，放适量的葱丝即可。

11. 柱侯酱

柱侯酱是佛山传统名产之一。创于清代嘉庆年间（1796—1820 年），当时佛山是三水、四会、清远、广宁等县的土特产集散地，各行会馆云集于此。逢年过节，客籍工商人士多到酒楼聚餐，当时在祖庙邻近的三元市的三品楼酒家厨师梁柱侯，为了满足顾客所需，在酱料不多的情况下，别出心裁，用面粉发酵加糖类、油脂制成酱料，用作各种肉类涂色调味之用，美味可口，甚得顾客赞誉，营业大增。初时此酱料只作店内自己调味之用，并无外售，以后顾客多自带容器请求相让，起初每人一角几分，后来购买的人越来

多，加之三品楼接近祖庙，游客众多，不久，此酱料即名播佛山附近四乡以及港澳一带。由于它是厨师梁柱侯所创制，因而得名为柱侯酱。

柱侯酱的发明还有一段趣闻，据说当初梁柱侯因家中的猫打翻了一大缸面豉，柱侯不想浪费而加些家中厨房现有之材料，如盐、糖、生抽等将其调成酱，将错就错，弄出别具一格的"柱侯酱"。

此后，佛山各酒家纷纷以柱侯食品为号召，"柱侯鸡""柱侯鸭""柱侯鹅""柱侯大鳝"等菜式纷纷出现，市内各酱园亦竞相仿制柱侯酱，精心研究，不断改进，质量更为完美。

柱侯酱是以老豉磨烂，和以猪油、白糖、芝麻，再加蒸煮制成。以之制菜肴，味道特别香浓。由于其原料为豆类和糖类、油脂，所以更富于营养，为上乘的酱料。此外，其内含氨基酸、糖类等人体所需的营养成分，且成本不高，故深受广大群众所喜爱。销路以顺德、南海、广州为最多，遍及省内各地，新中国成立后还出口外销。在粤菜中柱侯酱主要用于调制汁酱，如红烧酱等味道较浓的酱料，其味比海鲜酱更咸，因此调制时常要加入一定量的白糖以中和其咸味。

12. 芥末

为十字花科一年生或越年生草本植物白芥的成熟种子碾磨制成的酱。主要产于安徽、江苏、河南、北京等地。其中以北京产的为好，含油多，辣味大。其辣味主要来源于其黑芥子苷成分，经酶解后产生的挥发油（芥子油）具有强烈的刺鼻辣味。芥末性味辛、温。归肝、胃经。有润肺除痰、益气祛结之功效，可增进食欲，解膻去腥。在粤菜中主要用于凉拌，也可用于蘸食。

13. 卡夫奇妙沙拉酱

俗称卡夫酱，又称千岛汁，原为西餐调料，是由大豆油、醋、糖、蛋黄、淀粉、食盐、芥末粉、香料、辣椒粉等配制而成。味道微酸微甜，有一种特殊的奶香味，其成品为白色膏状物，较稠。在粤菜中常用于制作各种沙律菜式，或用于一些凉拌的菜式，亦可用于某些炸、烤等菜肴的蘸食汁酱。但在使用时往往加入约20%的炼乳和均，以中和其酸味。

14. 豆瓣酱

豆瓣酱是由辣椒、水、植物油、食盐、白糖、蒜、葱头、谷氨酸钠、改良玉米淀粉、山梨酸钾、赤藓红等配制而成，原产于四川资中、资阳和绵阳一带，配制豆瓣酱的辣椒以鲜辣椒为好，其品以鲜、辣著称，以四川郫县豆瓣酱最为出名。郫县地处成都平原中部，因得都江堰灌溉之利，盛产稻、小麦、油菜籽、胡豆（蚕豆）、大麻等。这里的胡豆品质优良，以它作为主要原料加工制成的豆瓣酱，油润红亮，瓣子酥脆，有较重的辣味，香甜可口，除用作调味外，也可单独佐饭；用熟油拌，其味甚佳。

粤菜中使用豆瓣酱不多，主要用于调制汁酱，如鱼香汁、辣椒汁等，亦有用于调味，如制作"麻婆豆腐"等一些较辣的菜式。

15. 柠汁

柠汁是鲜柠檬经榨挤后所得到的汁液，在行业中一般是使用现成的罐装浓缩产品。其色泽金黄或微黄，酸味较浓，富含营养。柠檬具有高度酸性，被认为是很好的治疗很多疾病的药，止咳、化痰、生津健脾，且对人体的血液循环以及对钙质的吸收有相当大的助益。其丰富的维生素 C，不但能够预防癌症、降低胆固醇、缓解食物中毒，消除疲劳，增强免疫力，延缓老化，保持肌肤弹性，并有克服糖尿病、高血压、贫血、感冒、骨质疏松症等功效。柠汁含有糖类，维生素 C、B_1、B_2、B_3，钙，磷，铁等成分。

粤菜中柠汁主要用于调制西柠汁及腌制，如西柠鸡等，西柠汁具有甜酸可口、开胃消滞的功能，是盛夏的调味佳品，由于浓缩柠汁味道较浓和较稠，因此在调制时要加入白糖及白醋，为提高其鲜味，也可在汁液中加入鲜柠檬汁，使其味道更加纯正。

16. 蚝油

蚝油是粤菜中较常用的鲜味调味品，是用牡蛎汁熬制浓缩而成，因广东习惯称牡蛎为蚝，故名蚝油，其蛋白质中含有人体所必需的多种氨基酸，并含有对人体生长发育和对性功能有促进作用的微量元素锌（每百克蚝肉含量高达 100 毫克）。蚝肉质细腻、鲜嫩可口，自古以来便为餐桌上的美味佳肴；有诗赞曰"天上地下牡蛎独尊"；也素有"海底牛奶"之美誉，在西方有"神赐魔食"之说，在日本有"根之源"之称。

最早的蚝油据说发明于 100 多年前，其发明人为李锦裳先生，祖籍广东新会七堡涌沥村。李锦裳幼年丧父，与母亲蔡氏相依为命，务农为主。因生活所迫，背井离乡，辗转珠海南水定居，并开设了一间小茶寮。南水是珠江口的一个岛屿，盛产生蚝。李锦裳为生计，就在茶寮煮蚝豉出售。一次，李锦裳与往日一样生火煮蚝，大概是煮蚝豉之后留下蚝汤的时间过长，传来浓烈香味，揭开锅盖一看，呈现在他眼前的竟是厚厚的一层沉于锅底、色深液稠的浓汁，勾起了人的食欲，即随意取一点放在嘴里品尝，顿觉美味无比。无意之间，蚝油就被制作出来了。

蚝油以蚝汁为主要成分，再按一定的比例加入适量的水、白糖、盐、粟粉、酱汁、山梨酸甲等配料，采用先进的工艺精细加工而成。它给人以鲜甜可口、蚝香浓郁、回味无穷之感。可烹调鸡、猪、牛肉、香菇等名菜佳肴，也可作腌料、芡汁，并可蘸食及捞拌粉面直接食用。粤菜中有许多的菜式都用到蚝油，并有多款菜式以蚝油命名，可见蚝油在粤菜中的作用，除用于调味外，还用于调制许多汁酱及制馅，以提升鲜味。但常用的蚝油因味道较咸，应在使用时适当加入白糖，以中和其咸味。质量好的蚝油呈稀糊状，无渣粒，呈红褐色或棕褐色，鲜艳而有光泽，有蚝油特有的香气，味道鲜美醇厚而稍甜，无焦、苦、涩和腐败等异味，入口有油样滑润感，应旋转密封后保存在无阳光照射的阴凉处。保存期一般不超过一年。如发现沉淀、浑浊、有气泡等现象，应立即加以煮沸浓缩处理。开封后，宜早日用完；如认为太稠，可用少量热水开稀，以便于更好地使用。

17. 虾酱

虾酱是我国及东南亚沿海的传统虾类食品之一，又称为银虾酱或咸虾酱，其丰富的营养和独特的风味深受海内外食客青睐。虾酱有一种特殊的海鲜香味，在加热后香气更加浓郁，且富含蛋白质，糖类，钙，钾，磷，锌，铜，维生素 B_1、B_2、B_6 和 A 等十几种人体必需的营养成分。

虾酱生产的原料：虾酱用虾是浮游甲壳类中的几种，其中主要品种为中国毛虾、日本毛虾、糠虾、沟虾，其生产工艺是用现代发酵法。工艺流程大致如下：原料去杂洗涤→按比加盐打酱→控温发酵→油、酱分离→包装灭菌。

在粤菜中虾酱主要用于调味，既可用于肉类菜式如虾酱鸡，又可用于素菜类菜式如虾酱通菜等，但使用时应注意，由于虾酱的咸味较重，应注意使用的分量，太多则易过咸。

18. 绍酒

又称黄酒、料酒，是用糯米和秥米为原料，加入麦曲和酒药，经发酵直接取得的一种低浓度原汁酒，是我国的特产，已有数千年的历史。黄酒在烹调中应用普遍，有去腥解腻、和味增香作用，这是因为黄酒中的酒精能溶解三甲氨基戊成分并在加热中使之挥发，同时其本身在烹调中氨基酸能与盐、糖等结合生成氨基酸钠盐和芳香醛，使肉、鱼的滋味更加鲜美。

19. 鱼露

潮州地区特有的咸味调味品，和"菜脯"（萝卜干）、酸咸菜一起被称为"潮州三宝"。鱼露除咸味外，还带有鱼类的鲜味。故潮州菜烹制菜肴，厨师多喜欢用鱼露，而不用食盐。

鱼露于清代中叶始创于澄海县。制作的主要原料为公鱼和食盐。先将公鱼拌入食盐腌制，经一年以上时间至公鱼腐化，再加进盐水进行水浴保温约 15 天便成鲑，再经过一个星期浸渍，滤去渣质便呈猪红色的味道鲜美香醇的鱼露。

20. 沙茶酱

沙茶酱原是东南亚一带的调味品，历史悠久，有些地方称为"称哆"，是印尼语的译音。大约在 19 世纪初，随着潮汕、福建、台湾一带华侨和东南亚的往来，这一深受人们欢迎的调味品的制作方法，便逐渐被传到潮汕、福建、台湾一带。

沙茶酱的制作方法复杂，原料繁多。原来在东南亚一带制作的原料，有一些在潮汕地区无法找到，如"马拉煎""亚三"等也就被省略，但就潮汕地区能找到的原料制成的沙

茶酱，基本还能保持其独特的风味。潮汕地区制作沙茶酱，是花生仁、白芝麻、椰子肉、芹菜籽、芥菜籽、芫荽籽、辣椒粉、花椒、大茴香、小茴香、桂皮、陈皮、生姜、香草、木香、丁香、胡椒、咖喱、白芍、沙姜、葱头、蒜头、南姜、虾米、鳊鱼干、精盐、白糖、花生油等几十种原料经磨碎熬制而成。

沙茶酱在潮州菜中，主要作为烹制一些特色菜的调味品，如"沙茶牛肉""沙茶酱香鸡"等，以及作为一些菜肴和小食的酱碟，如"牛肉汤丸""蚝烙"等。

21. 普宁豆酱

普宁豆酱是以大豆（黄豆）、面粉、食盐、红糖等为原料，经发酵后精制而成，为半液体状，色鲜黄，味咸而甜香。普宁生产豆酱已有 150 多年的历史，以洪阳镇为主要基地，由源兴、财源、祥裕三大商号所产最为著名。

想一想：

　　1. 如何正确使用味精？

　　2. 各种糖类有什么特点？其用途有什么不同？

动脑筋喏，亲

复合调味料的制作

学习目标：

　　通过本项目内容的学习，你能够掌握复合调味料的构成和特点，了解复合调味料的使用方法和注意要领。

知识要点：

　　1. 复合调味料的配制方法。

　　2. 复合调味料的操作要领。

学习内容：

　　俗语曰：民以食为天，食以味为先。在众多的调味品中，如何将这些单一味的调味料恰如其分地搭配在一起，调配成美味的复合汁（或酱），运用到菜肴当中而制作成一道道色、香、味、形俱全的菜式，往往是每一名厨师所需要掌握的技术。下面是粤菜中较常用的一些汁、酱的调配方法。

一、芡汤

（一）芡汤（1）

原料：上汤 500 克、味精 35 克、精盐 30 克、白糖 15 克。

（二）芡汤（2）

原料：淡汤 500 克、味精 35 克、精盐 30 克、白糖 15 克。

（三）芡汤（3）

原料：上汤 500 克，鸡粉、味精各 20 克，精盐 25 克，白糖 10 克。

（四）芡汤（4）

（1）原料：淡汤 500 克，鸡粉、味精各 30 克，精盐 30 克，白糖 20 克。

（2）制作过程：烧热炒锅，加入汤水，加热微沸时调入味料煮溶，倒入小盆内。

（3）成品要求：汤色明净，味道适中。

（4）制作要点：要使用中慢火，汤水不宜大沸，味料放入后煮溶即可。

（5）适用范围：用于炒、油泡菜式，如"菜炒鲜鱿""缤纷花枝片""油泡虾球"等。

二、糖醋汁

（一）糖醋汁（1）
原料：白醋500克，上等片糖300克，精盐19克，茄汁、噅汁各35克。

（二）糖醋汁（2）
原料：白醋500克、噅汁50克、白糖370克、茄汁100克、精盐10克、西柠檬半个。

（三）糖醋汁（3）
（1）原料：白醋500克、茄汁100克、精盐10克、白糖300克、山楂片3小包、酸梅20克、OK汁75克。

（2）制作过程：山楂片用少许沸水浸溶，酸梅擦烂，略烧热炒锅，加入白醋，加热至微沸时放入白糖煮溶后，加入其他原料和匀，用滤网滤清酸梅皮核，倒入小盘内。

（3）成品要求：酸甜味，呈橙红色。

（4）制作要点：

①掌握原料的搭配。

②加热时要使用中慢火，不宜大滚，原料煮溶即可。

（5）适用范围：用于炒、炸等菜式，如"糖醋排骨""西湖菊花鱼""子萝炒鸭片"等。

三、果汁

（1）原料：茄汁1 500克，噅汁500克，淡汤500克，白糖、味精各100克，精盐10克。

（2）制作过程：烧热炒锅，加入淡汤，加热至微沸时，放入白糖煮溶，随即放入其余味料和匀，倒入小盆内。

（3）成品要求：酸甜味，呈红色。

（4）制作要点：与调糖醋汁相同。

（5）适用范围：用于煎、炸等菜式，如"果汁煎猪扒""果汁鱼块"等。

四、西汁

（1）原料：西芹、香芹、洋葱、芫荽头各250克，红尖椒50克，肉姜100克，香叶5片，香茅20克，茄汁1 500克，噅汁200克，OK汁2瓶，白糖1 000克，砵酒150克，味精150克，美极鲜酱油150克，清水4 000克。

（2）制作过程：

①烧热炒锅，加入清水，再放入以上植物香料，用中慢火熬制，得香料汤水2 500克，然后过滤。

②略烧热炒锅，加入香料汤水，放入白糖、味精煮溶后，再放入茄汁、OK汁、砵酒、美极鲜酱油和匀，加热至微沸时，倒入小盆内。

（3）成品要求：味酸甜，带各种植物香料清香。

（4）制作要点：

①熬制香料汤水时要使用中慢火，熬制好后要滤清汤渣。

②调制加热时使用中慢火，原料煮溶即可。

（5）适用范围：用于煎、炸、焗等菜式，如"西汁牛柳条""西汁猪扒""西汁焗乳鸽"等。

五、煎封汁

（1）原料：淡汤 1 250 克，喼汁 1 000 克，生抽 100 克，白糖 47.5 克，老抽 75 克，味精、精盐各 25 克。

（2）制作过程：烧热炒锅，加入淡汤，加热至微沸时，放入白糖、味精、精盐煮溶后，加入喼汁、生抽、老抽和匀，倒入小盆内。

（3）成品要求：汁液明净，酸甜味适中。

（4）制作要点：与调西汁相同。

（5）适用范围：用于煎封的菜式，如"煎封马鲛鱼"等。

六、西柠汁

原料：浓缩柠汁 500 克，白醋、白糖、清水各 600 克，牛油 150 克，鲜柠檬片 300 克，精盐 50 克，吉士粉 25 克。

七、香橙汁

（一）香橙汁（1）

原料：浓缩鲜橙汁 500 克、青柠水 100 克、白醋 200 克、粒粒橙 3 瓶、吉士粉 40 克、新奇士橙汁汽水 2 罐、白糖 400 克、精盐 20 克、清水 500 克。

（二）香橙汁（2）

原料：鲜榨橙汁 750 克、白醋 500 克、精盐 20 克、白糖 300 克、吉士粉 10 克。

（三）香橙汁（3）

（1）原料：浓缩鲜橙汁、白醋各 500 克，白糖 400 克，精盐 50 克，鲜橙 500 克，清水 1 500 克，吉士粉 40 克。

（2）制作过程：烧热炒锅，加入清水加热至微沸时，放入白糖、精盐煮溶后，加入鲜橙汁、白醋，再放吉士粉和匀，倒入小盆内，凉冻后放入鲜橙片。

（3）成品要求：甜酸适口，有鲜橙香味。

（4）制作要点：与调西汁相同。

（5）适用范围：用于炸、煎的菜式，如"香橙骨""橙汁煎软鸡"等。

八、京都汁

（一）京都汁（1）

原料：镇江醋2瓶，陈醋1瓶，白糖900克，茄汁250克，清水500克，精盐、味精各50克。

（二）京都汁（2）

（1）原料：浙醋500克、白糖450克、茄汁300克、清水450克、喼汁200克、椰汁200克、忌廉奶1支、OK汁150克、精盐15克。

（2）制作过程：烧热炒锅，加入清水，加热至微沸时，放入白糖、精盐煮溶后，加入其余味料再煮至微沸，倒入小盆内。

（3）成品要求：甜酸适口，有镇江醋香味，色泽鲜艳。

（4）制作要点：与调西汁相同。

（5）适用范围：用于炸的菜式，如"京都肉排"等。

九、蜜椒汁

（1）原料：黑椒粉150克，豆瓣酱300克，豆豉泥250克，柱侯酱50克，蚝油50克，干葱茸、蒜茸各100克，精盐50克，蜜糖2小瓶（约575克），鸡粉、味精各50克，二汤500克，食用油300克。

（2）制作过程：猛锅阴油，放入葱茸、蒜茸、豆瓣酱、豆豉泥边加热边加食用油边炒匀，再加入二汤和其他调味料，使用慢火炒匀，最后加入蜜糖和匀，倒入小盆内。

（3）成品要求：咸鲜微辣，突出黑椒和蜜糖香味。

（4）制作要点：与调西汁相同。

（5）适用范围：适用于炸、煎、焗的菜式，如"蜜汁牛仔骨"等。

十、怪味汁

（1）原料：豆瓣酱、浙醋、白醋各50克，芝麻酱、美极鲜酱油各200克，白糖150克，姜米、蒜茸、花椒油各10克，麻油10克，味精、鸡粉各50克。

（2）制作过程：将以上原料（除姜米、蒜茸、味精、鸡粉外），放入小盆内和匀，猛锅阴油，放入蒜茸、姜米爆香，放入和匀的酱料，使用慢火边加热边加食用油边翻炒至匀滑、香味溢出，再加入味精、鸡粉和匀，倒入小盆内。

（3）成品要求：麻辣，醋鲜，色酱红。

（4）制作要点：与调西汁相同。

（5）适用范围：用于炒、炸等菜式，如"怪味炸鱼柳""怪味茨丝"等。

十一、火腿汁

（1）原料：净瘦火腿肉500克，上汤1 000克，圆肉50克。

（2）制作过程：将火腿切成碎块，放入沸水中略飞水，放入炖盅内，加入上汤和洗净的圆肉，放入蒸笼（或蒸柜）内，加热约1小时，取汁。

（3）成品要求：味浓厚鲜香，且有火腿的特殊香味。

（4）制作要点：

①要选用优质的火腿。

②加热时间要足够长，中途不宜翻动原料。

（5）适用范围：用于扒的菜式或爆制半制成品，如"红扒大裙翅""腿汁扒菜胆"等。

十二、海鲜豉油

（一）海鲜豉油（1）

原料：清水 2 000 克，美极鲜酱油、万字鲜酱油各 1 支，鸡粉、精盐各 50 克，味精、白糖各 100 克，胡椒粉 20 克。

（二）海鲜豉油（2）

原料：上等生抽 500 克、味精 150 克、白糖 75 克、胡椒粉 15 克、芫荽头 50 克、葱尾 100 克、鲮鱼骨熬出的汤水 1 000 克。

（三）海鲜豉油（3）

（1）原料：生抽王 2 支，美极鲜酱油 1 支，老抽 50 克，味精、鸡粉各 50 克，精盐 30 克，白糖 100 克，胡椒粉 10 克，鲮鱼骨 500 克，葱头尾 200 克，芫荽头 100 克，红尖椒 2 个，香叶 5 片，冬菇或冬菇蒂 100 克，压碎的白胡椒粒 15 克，清水 2 500 克。

（2）制作过程：

①猛锅阴油，放入鲮鱼骨煎至浅金黄色，加入清水，放入原料，使用慢火加热，得汤水 750 克。

②略烧热炒锅，加入汤水，加热至微沸时，放入精盐、味精、白糖、鸡粉煮溶后，加入其余味料煮溶，倒入小盆内。

（3）成品要求：味极为鲜美，色酱红。

（4）制作要点：

①熬鱼汤时要使用慢火，加上盖汤，色不宜过白。

②调制加热时宜用慢火，煮溶即可。

（5）适用范围：用于蒸或油浸各种名贵海河鲜，如"油浸生鱼""清蒸石斑鱼"等。

十三、XO 酱（又称酱皇）

（1）原料：虾米粒、野山椒粒、火腿茸各 1 000 克，海鲜酱、湿瑶柱各 500 克，咸鱼粒、红辣椒粉各 200 克，蒜茸、干葱茸各 1 000 克，大地鱼末 150 克，虾米 100 克，味精 150 克，鸡粉 200 克，白糖 500 克，食用油 600 克。

（2）成品要求：咸辣、味鲜香，酱色红。

（3）适用范围：用于炒、油泡、蒸等菜式，如"XO 酱蒸带子""XO 酱豆角咸猪肉""XO 酱爆花枝玉带"等。

十四、百搭酱

（1）原料：指天椒1 500克，干葱茸、豆瓣酱、火腿茸、蒜茸各1000克，湿瑶柱茸、红辣椒粉、炸好咸鱼茸、虾米茸各500克，虾子、白糖各200克，鸡粉、味精各100克。

（2）成品要求：咸辣鲜香。

（3）适用范围：用于蒸、炒的菜式，如"百搭酱蒸丝瓜""百搭海中宝"等。

十五、野味酱

（1）原料：柱侯酱2 000克，海鲜酱1 000克，磨豉酱250克，蚝油150克，黄糖1 000克，绍酒200克，蒜茸、干葱茸、陈皮各100克，味精150克，鸡粉50克，食用油400克。

（2）成品要求：有浓酱香味，色酱红。

（3）适用范围：多用于野味类的制作（如今有关法律明文规定不能吃野味，只能以家畜或饲养畜类代替）。

十六、田螺酱

（1）原料：柱侯酱500克，紫金酱、南乳各150克，芝麻酱、沙姜粉各100克，白糖、生抽各75克，五香粉、味精各75克，蒜茸、尖椒粒、紫苏叶各20克。

（2）成品要求：味香浓，色酱红，有特殊紫苏叶香味。

（3）适用范围：炒制广东小食的和味炒田螺、炒石螺、山坑螺等。

十七、鱼香酱

（1）原料：柱侯酱2瓶，蒜茸辣椒酱1瓶，豆瓣酱、花生酱、芝麻酱各150克，镇江醋100克，冰糖150克，绍酒、食用油各100克。

（2）成品要求：酱色红润，具有南乳特殊香味。

（3）适用范围：多用于焖制菜式，如"鱼香茄子煲"等。

十八、复合沙茶酱

（一）复合沙茶酱（1）

原料：沙茶酱2瓶，牛尾汤2罐，牛肉汁、牛油、美极鲜酱油各100克，油咖喱、白糖各150克，糖醋汁300克。

（二）复合沙茶酱（2）

（1）原料：沙茶酱2瓶，花生酱1瓶，蒜茸、白糖、绍酒、味精各50克，麻油35克，清水1 000克，食用油200克。

（2）成品要求：色泽明净，味香。

（3）适用范围：用于炒、油泡等菜式，如"沙茶牛肉"等。

十九、马拉盏酱

（1）原料：虾酱 1 000 克，虾膏 3 盒，虾米粒 250 克，豆瓣酱 300 克，红辣椒米、干葱茸、洋葱粒各 200 克，炸腰果末 250 克，食用油 500 克。

（2）成品要求：色泽明净，味鲜、浓，突出虾酱风味。

（3）适用范围：多用于炒的菜式，如"马拉盏酱炒通菜"等。

二十、黑椒酱

（1）原料：柱侯酱 600 克，沙茶酱、白糖各 300 克，豆豉酱 500 克，洋葱茸、蒜茸各 200 克，绍酒、辣椒油各 125 克，食用油 300 克，黑椒粉 150 克。

（2）成品要求：有特殊黑椒香辣味。

（3）适用范围：用于炒、炸、煎的菜式，如"黑椒牛仔骨""黑椒串烧牛柳"等。

二十一、豉汁

（1）原料：剁碎的豆豉茸 500 克，豆瓣酱、柱侯酱各 50 克，海鲜酱 100 克，大地鱼末、虾米茸各 25 克，白糖 50 克，食用油 500 克。

（2）成品要求：有特殊豆豉香浓味。

（3）适用范围：用于炒、油泡、蒸、焖等菜式，如"豉椒（凉瓜）炒牛肉""豉汁塘利球""豉汁蒸排骨""凉瓜焖牛蛙"等。

二十二、红烧酱（煲仔酱）

（1）原料：柱侯酱 4 000 克，芝麻酱、花生酱各 500 克，海鲜酱 1 250 克，蚝油 200 克，南乳、腐乳各 300 克，五香粉 50 克，沙姜粉 50 克，干葱茸、蒜茸各 300 克，绍酒 600 克，味精 300 克，白糖 200 克，食用油 750 克。

（2）制作过程：

①将柱侯酱、芝麻酱、花生酱、海鲜酱、蚝油、南乳、腐乳、五香粉、沙姜粉放入小盆内拌匀、抓碎待用。

②猛锅阴油，放入蒜茸、干葱茸，边加热边加油边半炒半炸至浅金黄色，随即放入拌匀的酱料，使用中慢火边加热边加食用油边翻炒至有干香味，加入绍酒、白糖、味精再翻炒至有香味，倒入小盆内，凉冻后用食用油"封面"，放入冰柜保存。

（3）成品要求：色泽明净，味香浓。

（4）制作要点：

①酱料要预先抓碎。

②加热时要使用中慢火，要将酱料翻炒均匀，边翻炒边加入食用油。

③味精、绍酒此类原料要后放入。

（5）适用范围：用途较广，多用于焖制的煲仔菜式，如"萝卜牛腩煲""红烧鳝煲"等。

想一想：
　　1. 芡汤的分类有哪些？
　　2. XO 酱是如何配制的？

做一做：
　　我们来做一做下面的练习。

练 习 题

1. 调味在烹调中的作用是什么？

2. 粤菜烹调调味有哪些特点？

3. 酱油有哪些分类，各有什么特点？

4. 糖有哪些分类，各自在烹调中有哪些用途？

5. 如何正确使用味精？

6. 酱和汁有什么区别？

7. 糖醋汁如何调制，有什么用途？

8. 厨师应如何正确制作和使用酱汁，请举例说明。

模块 九

料头知识

料头的种类和使用

学习目标：

　　通过本项目内容的学习，你能够掌握料头选用原料及其成形，了解菜肴中料头的构成和搭配原理。

知识要点：

　　1. 菜肴中料头的使用范围。

　　2. 料头的区别。

学习内容：

一、料头的作用

　　"打荷看料头，便知焖蒸炒"，这是饮食行业的一句俗语。这句话说明了"料头"的重要性。那么，料头是什么呢？"料头"就是用各种香料作原料，加工成各种形态，并根据菜式的分类和原料的性味形成固定的配用组合，虽用量少，但能去腥膻异味，增加锅气的原料。

　　料头在粤菜的配搭中起着重要的作用，主要表现在：增加菜肴的香气滋味，增加锅气；去除某些原料的腥膻异味；便于识别菜肴的烹调方法和味料搭配，提高工作效率；增加菜肴的色泽和美观感。但若原料使用不当，或违反行业中的俗约，用错或用多了料头，也会弄巧成拙，增加不少麻烦。

二、料头的原料及其成型

　　料头的主要原料是姜、葱、蒜、芫荽、料菇、火腿、五柳（瓜英、锦菜、红姜、酸荞头、酸姜）、辣椒、青蒜、洋葱、陈草菇、陈皮等。这些原料经过刀工处理，便可分为多种类别。

　　（1）生姜：姜米、姜花、姜丝、姜片、"姜旧"、姜指甲片。

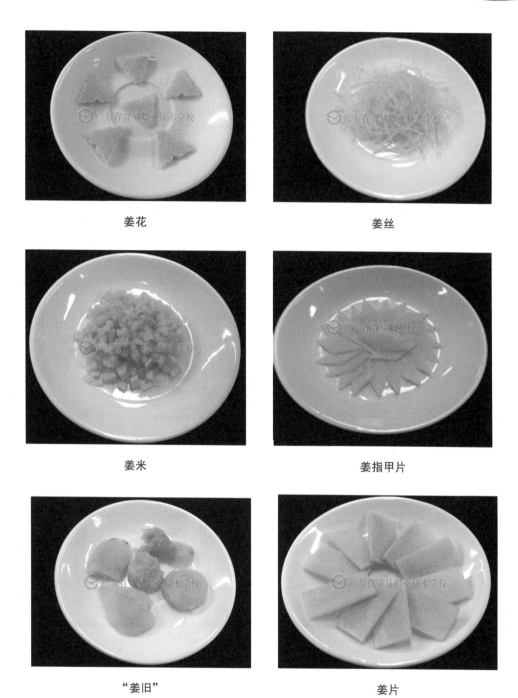

姜花   姜丝

姜米   姜指甲片

"姜旧"   姜片

（2）生葱：葱米、葱丝、短葱榄、长葱榄、葱段、葱条、葱花。

葱丝

葱榄

葱段

葱花

（3）洋葱：洋葱米、洋葱丝、洋葱粒、洋葱件。

洋葱米

洋葱丝

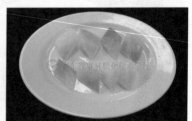

洋葱件

（4）青蒜：青蒜米、青蒜段。

（5）蒜头：蒜茸、蒜子、蒜片。

蒜茸　　　　　　　　　蒜子　　　　　　　　　蒜片

（6）芫荽：芫荽段、芫荽米。

（7）辣椒：椒米、椒丝、椒粒、椒件。

椒米　　　　　　　　　椒粒　　　　　　　　　椒件

（8）五柳：五柳粒、五柳丝。

五柳粒　　　　　　　　　　　五柳丝

（9）陈草菇：菇粒、菇丝、菇件。

（10）料菇：料菇粒、料菇丝、料菇件。

（11）火腿：腿茸、腿丝、腿片、腿粒、大方粒。

（12）陈皮：陈皮米、陈皮丝、陈皮件。

三、料头的使用

料头的使用是根据菜肴中的不同原料，进行恰当的配搭，总的划分有如下两大类。

（一）大料类

由蒜茸、姜片、葱段、料菇件等组成。

（1）菜炒料：蒜茸、甘笋花、姜花或姜片。

（2）蚝油料：姜片、葱段、甘笋花。

（3）鱼球料：姜花、甘笋花、葱段。

（4）白灼料：姜片、长葱条（即煨料）。

（5）红烧料：烧肉、蒜茸、姜米、陈皮米、料菇件、炸蒜子。

（6）糖醋料：蒜茸、葱段、椒件。

（7）蒸鸡料：姜花、葱段、菇件。

（8）豉油蒸鱼料：姜丝、葱丝或姜片、长葱条。

（9）焖料：料菇、葱条、姜片（或笋片）。

（10）啫料：蒜片、姜片、洋葱件、青（红）椒件、芫荽。

（11）酱爆料：蒜茸、姜片、洋葱件、椒件。

（12）茄汁牛料：蒜茸、洋葱件（或葱段）。

（13）锅仔浸料：炸蒜片、青（红）椒件、姜片、西芹段。

（14）炖汤料：姜片、葱条、大方粒（火腿、瘦肉）。

（二）小料类

由蒜茸、姜米、葱米等组成。

（1）虾酱牛料：蒜茸、姜米、洋葱米、辣椒米。

（2）咖喱牛料：蒜茸、姜米、洋葱米、辣椒米。

（3）喼汁牛料：蒜茸、姜米（可加葱丝）。

（4）滑蛋牛料：葱花。

（5）油泡料：姜花、葱榄、甘笋花。

（6）油浸料：葱丝。

（7）豉汁料：蒜茸、姜米、椒米、葱段、豉汁。

(8) 炒丁料：蒜茸、姜米、短葱榄。

(9) 炒丝料：蒜茸、姜丝、葱丝、料菇丝。

(10) 炒桂花翅料：姜米、葱米、火腿茸。

(11) 蒸鱼料：肉丝、葱丝、姜丝、菇丝（红焖鱼料相同）。

(12) 炸鸡料：蒜茸、葱米、椒米。

(13) 走油田鸡粒：姜米、蒜茸、葱段。

(14) 煎封料：蒜茸、姜米、葱花。

(15) 红焖鱼料：菇丝、姜丝、葱丝、肉丝、蒜茸（或炸蒜子）。

(16) 煎芙蓉蛋料：笋丝、葱丝、菇丝。

（17）五柳料：蒜茸、椒丝、五柳丝、葱丝。

（18）西湖料：蒜茸、椒米、五柳米、葱花。

想一想：

1. 粤菜的料头有哪些特点？

2. 油泡料头与油浸的料头分别由什么构成的？

动脑筋啦，亲

做一做：

我们来做一做下面的练习。

练习题

1. 料头有哪些作用？

2. 常用来制作料头的原料有哪些？

3. 葱可以切成哪几种料头，各自的规格是什么？

4. 姜可以切成哪几种料头，各自的规格是什么？

5. 五柳料是指哪些原料，有什么用途？

6. 清蒸鱼分别使用哪些料头？

7. 为什么料头要组合使用？

8. 菜肴的料头搭配是一成不变的吗，请举例说明。

9. 料头的搭配讲究什么原则？

模块十

半成品的配制

肉料的腌制

学习目标：

通过本项目内容的学习，你能够掌握半成品原料的构成与属性，了解现在菜肴烹制中半成品原料的使用范围和要领。

知识要点：

1. 原料腌制的原理。
2. 原料腌制的基本程序和操作要领。

学习内容：

很多美味佳肴，在烹制前都要进行腌制加工。它利用物理和化学作用，使食品原料烹制时达到入味、去腻、爽、嫩、滑的目的。

一、腌制原理

腌制使用的原料有精盐、味精、糖、鸡粉、酒、枧水、食粉、松肉粉、吉士粉、植物性的香料（如姜、葱、蒜、芫荽、西芹、洋葱等）、酱料（如南乳酱、花生酱、芝麻酱、咖喱粉等）、淀粉等。腌制时要根据各种菜式的不同要求，使用不同的腌料的分量，利用这些原料腌制的原理有：

1. 使食品入味和增加香味

凡烹制菜式，都必须调味，有部分菜式不但要求表面着味，而且要求本身带味和香气，如蒜香骨、煎肉脯等，人们在品尝这类菜式时，会产生口齿生香的感觉，这都是由肉料在烹制前用味料和植物香料腌制后所产生的。

盐：属于高渗物质，能将咸味渗进肉料内部，这才不致使食品制成后外表有味而内部味淡。

姜：腌制时加入姜，是因为姜带有辛辣气味的主要成分——姜辛素。

葱：主要成分是二硫化二丙烯，在烹制时，将锅烧热后，放进肉料急速加热时，便会产生一种特殊的香气，俗称"锅气"。

酒：主要成分是乙醇，加入肉料中，加热便能与脂肪中的脂肪酸结合成一种酯的物质，能溢出浓郁的香气，使得食品香而可口。

2. 使某些食品去肥腻

某些使用肥肉的菜品，如"金钱虾盒""香芋扣肉"等，都有其特殊的风味。它们所用的主要原料之一都是肥猪肉。肥猪肉的主要成分是脂肪，若不加处理，直接烹制，吃时会觉得油脂过多，肥腻而难以入口，故必须事前腌制。使用的腌料除味料外主要用高度数的酒，因为酒的主要成分是乙醇，是很好的有机溶剂，腌时能使肥猪肉中的部分脂肪溶解，再经加热烹制后，这些肥猪肉便使人有焦香溶液化、肥而不腻的感觉。

3. 使食品除韧

牛肉、羊肉、蛇肉等肌肉纤维较粗而紧密的动物原料，都比较韧，如果运用煲、焖、炖、扣等烹调方法，在较长时间的高温、高压下，肉虽不韧但过于软烂，而这些原料制作出的菜式，多以猛火急炒为主，在短时间内成熟，这就需要烹制前进行腌制。使用腌料时除味料外还要加入食粉（碳酸氢钠）、水和淀粉。因为食粉属弱碱性物质，它的 pH 值为 8，能排除肌肉纤维间的黏液，并且纤维起一定的溶解作用而使其松散，在烹制后不觉得韧了，加入水可进一步瓦解肉质内的结构，从而使肉质松涨，熟后有爽的感觉，在腌制时加入淀粉，是因为粉浆包裹着肉料表面，加热时受热糊化，又不至于因火力太猛而炙焦肉质的表面，进食时便会产生软滑感。

4. 使某些特殊食品爽脆

如炒爽肚等菜式，是要求肉质爽脆的，在腌制时需要使用食粉或枧水（碳酸钾）。爽肚所指的是猪肺，由于它的结构复杂，分泌的黏液又多，而烹制后不仅要除韧性还要求爽脆，腌制时加入食粉（或枧水），可以将黏液溶解，以及对各层间的肉质起到一定的分离作用，因此食用时便觉爽脆。

5. 利用物理作用使某些食品爽脆

凡是生物体的组织都由细胞组成，而细胞内主要是液体（包括肌肉、骨头的细胞都是液体，但有浓或稀之分），液体在低温下冷却冰冻（水在零摄氏度结冰，体积最大），因而引起细胞膨胀破裂，细胞与组织分离。而腌虾仁和虾球，因虾肉中的含水量比禽类原料纤维较多的肉料含水量大，因此放入冰柜冷藏后更易感觉肉质爽脆。

二、腌制实例

原料腌制是砧板岗位的重要工作之一，不少肉料经过腌制处理后，既有利于烹调的需要，又能使肉质变爽、滑、香和除去异味。下面介绍常用原料的腌制方法。

（一）腌虾仁

（1）原料：鲜虾仁 500 克、味精 6 克、精盐 5 克、干淀粉 6 克、鸡蛋白 20 克、食粉 1.5 克。

（2）制作过程：

①将虾仁放入洁净白毛巾内吸干水分，放入小盆内。

②先将所有味料和匀，再放入虾仁内拌匀，放进冰柜冷藏 2 小时。

（3）成品要求：虾仁洁净、透明、结实，略有黏性，熟后爽滑。

（4）制作要点：

①虾仁要新鲜，清洗干净。

②虾肉腌制前应吸干水分，越干越好。

③下腌料后不应用力搅拌，只是轻轻拌匀，拌的时间稍长。

④冰柜冷藏后，食用效果更爽。

（5）适用范围：用于炒、油泡等菜式，如"三色炒虾仁""油泡虾仁"等（鲜带子的腌制方法与虾仁一样）。

（二）腌猪扒

（1）原料：肉脯 500 克，精盐 2.5 克，姜片、葱条各 10 克，玫瑰露酒 25 克，食粉 3.5 克。

（2）制作过程：将肉脯洗净，滤去水分，将味料放入肉料内拌匀，放进冰柜冷藏约 2 小时。

（3）成品要求：肉脯没有韧性，松软而香。

（4）制作要点：

①肉料洗净后要滤去水分。

②下腌料后不应用力搅拌，只是轻轻拌匀，拌的时间稍长。

③冰柜冷藏后，效果更好。

（5）适用范围：用于煎、炸的菜式，如"果汁煎猪扒""吉列猪扒"等。

（三）腌牛肉

（1）原料：牛肉片 500 克、食粉 6 克、生油 10 克、干淀粉 25 克、清水 75 ~ 100 克、食用油 25 克。

（2）制作过程：

①将牛肉片洗净，吸干水分。

②用少量的清水溶解食粉，放入牛肉片内拌匀，然后放入生抽和匀。

③用清水溶解干淀粉，分几次放入牛肉内拌匀。

④将食用油放入"封面"，然后放进冰柜冷藏约 2 小时。

（3）成品要求：牛肉手感软滑、松涨，熟后爽、嫩、滑。

（4）制作要点：

①牛肉应横纹切成片状。

②下腌料搅拌时，要轻力搅拌，时间要长，并且牛肉要松涨、软滑。

③以生油封在牛肉面上，可保牛肉鲜红而不变黑。

④放进冰柜冷藏 1 ~ 2 小时，使其完全发生化学反应，从而达到软滑的目的。

附：腌牛肉的其他配方：

牛肉片 500 克、食粉 5 克、松肉粉 5 克、鸡蛋 50 克、精盐 2.5 克、鸡粉 5 克、干淀粉 25 克、精水 100 克、食用油 25 克。

（四）腌肉片、肉丁、肉丝

（1）原料：肉料 500 克、鸡蛋白 50 克、干淀粉 25 克、盐 2.5 克、鸡粉 5 克、松肉粉 5 克。

（2）适用范围：用于炒、油泡等菜式，如"蚝油牛肉""凉瓜牛肉""锦绣肉丁""五彩炒肉丝"等。

（五）腌牛柳

（1）原料：牛柳 500 克、食粉 6 克、生抽 10 克、味精 5 克、姜和葱各 15 克、绍酒 7.5 克。

（2）制作过程：

①将牛柳切成片或块，姜和葱拍碎，洗净原料，吸干水分，放入小盆内。

②将味料放入肉料内和匀，放进冰柜冷藏约 1 小时。

（3）成品要求：肉质明净，熟后爽滑。

（4）制作要点：

①切片或切块时要横纹切，并用刀略拍。

②腌制前要吸干水分。

③下腌料搅拌时，要轻力搅拌，时间略长。

（5）适用范围：用于炒、油泡、煎等菜式，如"味菜牛柳丝""黑椒牛柳""铁板茄汁牛柳"等。

（六）腌姜芽

（1）原料：嫩姜 500 克、精盐 12.5 克、白醋 200 克、白糖 100 克、食用糖精 0.15 克、红辣椒 1 个、酸梅 1 颗。

（2）制作过程：

①洗净炒锅，加入白醋，加热至微沸时，放入白糖、精盐煮溶后倒入瓦盆内凉冻。

②用竹片刮去姜衣、苗，然后切成薄片。

③将精盐 10 克放入姜片内拌匀腌制约半小时，用清水洗净，滤干水分。

④将食用糖精、红辣椒和酸梅放进凉冻的咸酸水中和匀，然后放入姜片，腌制 2 小时。

（3）成品要求：色泽呈嫣红色，爽口，甜酸味中和。

（4）制作要点：

①姜要用竹片刮，以防变黑。

②姜片腌制时盐的分量要足够，漂清咸味。

③姜片应抓干水分，最好晾干爽后才腌制。

④待咸醋水完全冷却后才下姜片。

⑤放入酸梅可增加姜片的复合味。

（5）适用范围：用于炒的菜式，如"子萝鸭片"等。

（七）腌京都骨

（1）原料：排骨（每件重约 25 克）500 克、食粉和松肉粉各 5 克、鸡蛋 100 克、吉士粉 2.5 克、花生酱和芝麻酱 10 克、精盐 2.5 克、鸡粉 5 克、干淀粉 50 克、玫瑰露酒 25 克、油咖喱 10 克。

（2）制作过程：

①排骨斩成长约 6 厘米，放入清水中洗净，滤干水分，放入小盆内。

②将味料放入肉料内拌匀，放进冰柜冷藏约 4 小时。

（3）成品要求：色泽呈浅黄色、松涨，熟后呈金黄色、酥香。

（4）制作要点：

①要选用肉排制作。

②放入清水中洗至原料呈白色、肉质松涨，并且要吸干水分。

③下腌料搅拌时，要轻力搅拌，时间略长。

④放进冰柜冷藏时间要足够。

（5）适用范围：用于炸的菜式，如"京都肉排"。

（八）腌蒜香骨

（1）原料：排骨 500 克、蒜汁 50 克、南乳 2 克、玫瑰露酒 10 克、甘草粉 1 克、味精 5 克、精盐 4 克、白糖 20 克、蛋黄 50 克、食粉 4 克、糯米粉和面粉各 10 克、吉士粉少许。

（2）制作过程：

①排骨斩成长约 6 厘米，放入清水中洗净，滤干水分，放入小盆内。

②将味料放入肉料内拌匀，放进冰柜冷藏约 4 小时。

（3）成品要求：色泽呈浅黄色、松涨，熟后呈金红色，有浓郁蒜香味。

（4）制作要点：

①要选用肉排制作。

②放入清水中洗至原料呈白色、肉质松涨，并且要吸干水分。

③下腌料搅拌时，要轻力搅拌，时间略长。

④放进冰柜冷藏时间要足够。

（5）适用范围：用于炸的菜式，如"美味蒜香骨"。

（九）腌锡纸排骨

（1）原料：排骨 500 克、生抽 5 克、蚝油 5 克、精盐 1.5 克、味精 2.5 克、鸡粉 2 克、白糖 5 克、柠汁 5 克、食粉 2.5 克、干淀粉 5 克、蔬菜香汁 10 克。

（2）制作过程：

①排骨斩成长约 6 厘米，放入清水中洗净，滤干水分，放入小盆内。

②将味料放入肉料内拌匀，放进冰柜冷藏约 1 小时。

（3）成品要求：肉色明净、清香，熟后色泽金黄、味美。

（4）制作要点：

①要选用肉排制作。

②放入清水中洗至原料呈白色、肉质松涨，并且要吸干水分。

③下腌料搅拌时，要轻轻搅拌，时间稍长。

④放进冰柜冷藏时间要足够长。

（5）适用范围：用于炸的菜式，如"锡纸肉排"。

（十）腌椒盐骨

（1）原料：排骨 500 克、精盐 5 克、鸡粉 2.5 克、五香粉 5 克、蒜茸 5 克、鸡蛋 50 克、玫瑰露酒 25 克、干淀粉 50 克、松肉粉 5 克、食粉 2.5 克。

（2）制作过程：

①排骨斩成长约 6 厘米，放入清水中洗净，滤干水分，放入小盆内。

②将味料放入肉料内拌匀，放进冰柜冷藏约 4 小时。

（3）成品要求：肉色明净、味香，熟后色泽金黄、味美。

（4）制作要点：

①要选用肉排制作。

②放入清水中洗至原料呈白色、肉质松涨，并且要吸干水分。

③下腌料搅拌时，要轻力搅拌，时间稍长。

④放进冰柜冷藏时间要足够长。

（5）适用范围：用于炸的菜式，如"粤式椒盐骨"。

（十一）腌虾球

（1）原料：虾球 500 克、味精 6 克、精盐 5 克、干淀粉 6 克、鸡蛋白 20 克、食粉 1.5 克。

（2）制作过程：

①虾球洗净，用洁净白毛巾吸干水分，放入小盆内。

②将鸡蛋白和精盐、味精、干淀粉、食粉调成糊状，放入肉料内拌匀，放进冰柜冷藏约 2 小时。

（3）成品要求：肉质明洁、结实，略有黏性，熟后爽滑。

（4）制作要点：

①要选用新鲜的明虾，清洗干净。

②肉料腌制前应吸干水分，越干越好。

③下腌料后不应用力搅拌，只是轻力拌匀，拌的时间稍长。

④冰柜冷藏后，效果更爽口。

（5）适用范围：用于炒、油泡、炸等菜式，如"碧绿虾球""油泡虾球""吉列虾球"等。

（十二）腌花枝片

（1）原料：花枝片 500 克、姜汁酒 25 克、姜片和葱条各 10 克、食粉 4 克、精盐 5 克。

（2）制作过程：将切好的花枝片洗净，滤干水分，放入小盆内，加入腌料，拌匀后，放进冰柜内冷藏约 2 小时。

（3）成品要求：有香浓的姜、葱、酒味，熟后爽嫩，色泽洁白。

（4）制作要点：

①花枝片腌制前要洗净，并吸干水分。

②下腌料后不应用力搅拌，只是轻力拌匀，拌的时间稍长。

③冰柜冷藏后，效果更爽。

（5）适用范围：用于炒、油泡等菜式，如"碧绿花枝片""XO 酱爆花枝片"等。

想一想：

1. 原料的腌制有什么作用，它的原理是什么？

2. 说一说各种原料腌制的配方及方法。

动脑筋咯，亲

馅料的制作

学习目标:

　　通过本项目内容的学习,你能够掌握馅料的制作要领和调味标准,了解其组织结构的变化和成型的多样,了解其化学性质和物理性质的变化规律。

知识要点:

　　1. 茸状馅料和粒状馅料的分类。
　　2. 馅料的口感和食用价值。

学习内容:

一、馅料制作的作用

　　烹调菜品千变万化,粤菜品种内容丰富,是依赖于师傅的精湛手艺,为了形成菜品的多样化,必须处理好每一种烹饪原料。其中馅料的制作是比较复杂、多变的,一般都需要预先制作,这样便于菜式烹制、缩短制作时间、提高工作效率。

二、馅料制作实例

　　馅料的制作讲究选料、刀工、调味和配制分量等。常用的馅料半成品如下:

(一) 虾胶

　　(1) 原料:虾仁肉 500 克、肥肉 100 克、精盐和味精各 5 克、鸡蛋白 15 克。

　　(2) 制作过程:

　　①用刀将肥肉切成约 0.5 厘米的粒状,放进冰柜冷藏。

　　②将虾仁洗净(去除壳和污物),用洁净白毛巾吸干水分。

　　③将虾仁放在干爽砧板上,先用刀挎烂,再用刀背剁成茸状,放入盆中。

④加入精盐、味精，搅拌至起胶后，加入鸡蛋白，再搅拌至虾仁有黏性，加入肥肉粒拌匀，放入保鲜盒内，放进冰柜冷藏 2 小时。

（3）成品要求：黏性好，呈透明状，熟后结实、有弹性而爽滑。

（4）制作要点：

①要选用新鲜河虾仁，用毛巾吸干水分。

②砧板要刮洗干净，切忌有姜、蒜、葱等异味。

③虾仁应先用刀挎烂，再用刀背剁成茸。

④制作时加入味料应足够。

⑤打制虾胶时应顺一方向搅擦，切忌顺逆方向兼施，以擦为主，挞为辅。

⑥擦虾胶时力量要足，用力要均匀。

⑦下肥肉粒后不宜搅拌过长时间，以免造成肥肉脂肪泻出，影响胶性。肥肉可以增加虾胶的香味、爽质和色泽。

⑧打制后要放入冰柜冷藏。

（5）适用范围：用于炒、油泡、炸、蒸酿、煎酿等菜式，如"碧绿虾丸""油泡虾丸""吉列香蕉虾枣""竹笋煎酿百花""百花酿北菇"等。

（二）鱼青

（1）原料：鲮鱼 1 条、鸡蛋白 100 克、精盐 6 克、味精 5 克、干淀粉 10 克。

（2）制作过程：

①将鲮鱼肉放在砧板上，用刀从尾至头轻力刮出鱼茸，直至看到红赤（鱼瘦肉）为止，用洁净白毛巾包着，用清水洗净并吸干水分。

②将吸干水分的鱼茸放在刮净的砧板上，用刀背剁至鱼茸匀滑，放进小盆内。

③将精盐、味精加入鱼茸内，拌至起胶后，再加入蛋白和淀粉，边拌边挞至胶性增大，放进保鲜盒内，放入冰柜冷藏 2 小时。

（3）成品要求：色泽洁白，呈半透明，黏性好，熟后有弹性、爽滑。

（4）制作要点：

①要选用新鲜的鲮鱼肉，刮鱼茸时不应黏有鱼瘦肉。

②鱼茸要洗得洁白，并要吸干水分。

③剁鱼茸的砧板要干净，不应有姜、葱、蒜等异味。

④鱼茸要剁得匀滑，不应起粒状。

⑤加入盐可增加鱼肉的胶性，淀粉多则不透明。

⑥应顺一方向搅拌，不应顺逆方向兼施。

⑦以挞为主，挞的力量要足且均匀。

⑧打制后要放入冰柜冷藏。

（5）适用范围：用于炒、油泡、酿制菜式，如"锦绣鱼青丸""油泡鱼青丸""煎酿椒子"等。

（三）荔茸馅

（1）原料：熟荔甫芋 500 克、猪油 100 克、牛油 100 克、精盐 10 克、味精 5 克、熟澄面 100 克、溴粉 1.5 克。

（2）制作过程：

①把蒸熟的荔甫芋用刀捞烂成茸状，加入熟澄面，在案板上擦至纯滑。

②将味精、精盐、猪油、牛油、溴粉放进荔茸中，并用力擦至纯滑，放入冰柜冷藏约 1 小时（可加入冬菇粒、虾米、叉烧等料拌匀，增加风味）。

（3）成品要求：荔茸纯滑，有黏性，炸后有幼丝飞出，松化而酥脆。

（4）制作要点：

①要选用松化的荔甫芋。

②捞荔茸时要匀滑。

③加油脂（猪油、牛油）要准确，多则炸熟后飞散，少则熟后不松化。

④掌握好澄面的用量，多则实而不松化，不起丝状；少则荔茸分离而不结堆。

（5）适用范围：多用于炸的菜式，如"荔茸窝烧鸭""荔茸鲜带子"等。

（四）花枝胶

（1）原料：净墨鱼肉 500 克、精盐 20 克、味精 5 克、鸡蛋白 10 克、干淀粉 25 克、麻油 5 克、胡椒粉 1 克。

（2）制作过程：

① 将精盐 15 克放入清水中，溶解后放入墨鱼肉浸约 1 小时，再用清水洗净。

②将墨鱼肉水分吸干后，用绞肉机绞烂成茸状，放入小盆内。

③加入精盐、味精，搅拌至起胶，再放入麻油、胡椒粉、鸡蛋白、淀粉拌挞至有黏性时，放入保鲜盒内，放进冰柜冷藏 2 小时。

（3）成品要求：色泽洁白，有黏性，熟后爽滑。

（4）制作要点：

①肉料放进盐水中浸泡可去除异味。

②肉料要吸干水分，要充分绞烂成茸状。

③打制时下味料要适当，用力要均匀。

④打制后要放入冰柜冷藏。

（5）适用范围：用于炒、油泡等菜式，如"碧绿花枝丸""油泡花枝丸"等。

（五）肉百花馅

（1）原料：梅肉 350 克、虾胶 150 克、湿冬菇粒 50 克、精盐 5 克、味精 5 克、干淀粉 25 克。

（2）制作过程：

①将梅肉切成米粒形，放入小盆内。

②将精盐、味精放入肉料内，搅挞至起胶，再加

入虾胶、湿冬菇粒、干淀粉拌匀，拌至起胶，放入保鲜盒内，放进冰柜冷藏 2 小时。

（3）成品要求：馅料明净，有黏性，熟后爽滑、味鲜。

（4）制作要点：

①要选用新鲜的梅肉。

②打制时搅拌要均匀，并且用力要均匀。

③打制后要放入冰柜冷藏。

（5）适用范围：多用于酿制的菜式，如"煎酿凉瓜"等。

（六）牛肉馅

（1）原料：净牛肉 500 克、精盐 7.5 克、味精 4 克、白糖 2.5 克、食粉 5 克、干淀粉 50 克、枧水 2 克、陈皮末 1.5 克、食用油 25 克。

（2）制作过程：

①用刀将牛肉切成薄片，洗净。

②用清水 75 克将食粉溶解，放入牛肉内拌匀，放进冰柜冷藏 1 小时。

③将腌好的牛肉放在砧板上，用刀剁成茸状，放入小盆内。

④将精盐、味精、白糖、枧水放入牛肉茸内，顺一方向拌擦至起胶。

⑤用清水 75 克将干淀粉溶解，放入牛肉茸内，边擦边挞至起胶，加入陈皮末、食用油拌匀，放进冰柜冷藏 2 小时。

（3）成品要求：馅料明净，有黏性，熟后有弹性、爽滑。

（4）制作要点：

①要选用新鲜的牛肉，切片前要去除肉料的筋膜。

②牛肉片腌制时间要足够。

③牛肉剁成茸状，肉茸要幼滑，不能起粒状。

④食用油不宜过早放入（食用油主要起化筋的作用）。

⑤枧水是在剁成茸状后加入，主要起收敛作用，使肉质不会太结实。

（5）适用范围：多用于馅料或制作牛肉饼。

想一想：

1. 说一说虾胶的制作工艺流程。

2. 鱼青和鱼胶在制作工艺上有什么区别？

动脑筋咯，亲

做一做：
　　我们来做一做下面的练习。

练习题

1. 举例说明馅料在菜肴制作中的作用。
2. 虾胶在制作中应注意哪些问题，怎样辨别质量的好坏？
3. 鱼青在制作中应注意哪些问题，怎样辨别质量的好坏？
4. 鱼青在烹调中可以制作哪些菜式，请举例说明。
5. 馅料制作有哪些原理是一致的？
6. 馅料做好后为什么要放冰箱冷藏？

参考文献

1. 祁澜. 烹饪原料调料 500 例［M］. 北京：中国轻工业出版社，2001.

2. 赵振羡. 中国厨师手册［M］. 香港：星辉图书有限公司，2001.

3. 张云甫. 中外调味大全［M］. 北京：中国城市出版社，1998.

4. 杨维湘. 粤菜常用物料汇编［M］. 香港：饮食天地出版社，1988.

5. 杨维湘，林长治，赵丕扬. 海味干货大全［M］. 广州：广州出版社，2001.

6. 张文. 香港海鲜大全［M］. 香港：饮食天地出版社，2002.

7. 沈为林，巫炬华. 现代粤菜烹饪原料知识［M］. 北京：机械工业出版社，2004.

8. 巫炬华，邓宇兵，沈为林. 现代粤菜烹调技术［M］. 北京：机械工业出版社，2004.

9. 刘致良. 烹饪基础［M］. 北京：机械工业出版社，2008.

图书在版编目（CIP）数据

烹饪原料与基础/邓宇兵主编. —广州：暨南大学出版社，2017.2
（食品生物工艺专业改革创新教材系列）
ISBN 978 - 7 - 5668 - 2062 - 4

Ⅰ. ①烹… Ⅱ. ①邓… Ⅲ. ①烹饪—原料—教材 Ⅳ. ①TS972.111

中国版本图书馆 CIP 数据核字（2017）第 016925 号

烹饪原料与基础
PENGREN YUANLIAO YU JICHU
主　编　邓宇兵

出 版 人	徐义雄
策划编辑	张仲玲
责任编辑	王嘉涵　周海燕
责任校对	邓丽藤
责任印制	汤慧君　周一丹

出版发行　暨南大学出版社（510630）
电　　话　总编室（8620）85221601
　　　　　营销部（8620）85225284　85228291　85228292（邮购）
传　　真　（8620）85221583（办公室）　85223774（营销部）
网　　址　http：//www. jnupress. com　http：//press. jnu. edu. cn
排　　版　广州市天河星辰文化发展部照排中心
印　　刷　广东广州日报传媒股份有限公司印务分公司
开　　本　787mm×1092mm　1/16
印　　张　9.25
字　　数　230 千
版　　次　2017 年 2 月第 1 版
印　　次　2017 年 2 月第 1 次
印　　数　1—2000 册
定　　价　36.00 元